面向多核共享资源冲突的延时分析与能耗优化方法

张铭泉　著

吉林大学出版社
·长春·

图书在版编目(CIP)数据

面向多核共享资源冲突的延时分析与能耗优化方法 / 张铭泉著. -- 长春：吉林大学出版社,2022.8

ISBN 978-7-5768-0138-5

Ⅰ. ①面… Ⅱ. ①张… Ⅲ. ①微型计算机—系统设计 Ⅳ. ①TP360.21

中国版本图书馆 CIP 数据核字(2022)第 139975 号

书　　名 面向多核共享资源冲突的延时分析与能耗优化方法
MIANXIANG DUOHE GONGXIANG ZIYUAN CHONGTU DE YANSHI FENXI YU NENGHAO YOUHUA FANGFA

作　　者 张铭泉　著
策划编辑 黄国彬
责任编辑 卢　婵
责任校对 单海霞
装帧设计 繁华教育
出版发行 吉林大学出版社
社　　址 长春市人民大街 4059 号
邮政编码 130021
发行电话 0431-89580028/29/21
网　　址 http://www.jlup.com.cn
电子邮箱 jldxcbs@sina.com
印　　刷 定州启航印刷有限公司
开　　本 787×1092　1/16
印　　张 7.5
字　　数 150 千字
版　　次 2022 年 8 月　第 1 版
印　　次 2022 年 8 月　第 1 次
书　　号 ISBN 978-7-5768-0138-5
定　　价 58.00 元

前　言

随着工艺制作水平的提高和科技的发展,片上多核技术以其可扩展性、可靠性和易设计等优势特性,已由原来的高端计算机系统向嵌入式系统普及。智能手机、便携式设备、机器人、航空航天、智能家居及工业控制等多个领域都在建立以多核处理器为基础的中高端嵌入式应用系统。然而,这种对嵌入式多核依赖的加剧以及共享缓存冲突和总线争用,使得硬实时任务最坏情况下的执行时间(WCET)定时分析不仅依赖于它的最坏执行路径,还依赖于其他合作任务所用共享资源的冲突情况分析;同时,多核嵌入式设备一般由电池供电,且需要更高的稳定性和容错性,这些因素使嵌入式多核芯片对能耗优化提出了更高的要求。因此,本书结合作者攻读博士期间的研究成果,对上述问题展开论述和分析,着重阐述嵌入式多核系统共享资源冲突延迟分析和能耗优化方法。本书共分为六章:第 1 章是多核共享资源冲突与能耗优化概述;第 2 章介绍用到的技术及评测工具;第 3 章介绍共享资源冲突延迟分析方法;第 4 章介绍基于局部频繁值的能耗优化方法;第 5 章介绍支持低延迟高性能的实时总线能耗优化方法;第 6 章介绍基于混合频繁值缓存和多编码的总线节能方法。

本书论述的面向多核共享资源冲突的延迟分析和能耗优化模型和方法,可为嵌入式多核共享资源分配、节能优化等相关工作提供参考。因此,本书可作为研究相关领域的参考书,也可作为相关科研人员的参考资料。

感谢在本书撰写、成稿过程中提供帮助和支持的华北电力大学科研部门、计算机系的同事们,北京理工大学计算机学院的老师和同学,以及参考文献的各位作者。本书的出版得到了中央高校基本科研业务费专项资金资助(2020MS122),在此一并感谢。

由于作者学术水平有限,书中难免有错误或不妥之处,恳请读者批评指正。

作　者

2021 年 11 月

目　录

第1章　多核共享资源冲突与能耗优化概述

第1节　多核技术的嵌入式应用

一、多核技术的发展及应用

多核处理器是指在一枚处理器中集成两个或多个完整的计算内核。多核技术的开发最早缘于自科学家们认识到，仅提高单核处理芯片的速度不但会产生过多的热量，而且并不能带来相应性能的提升，单核性能优化已得不偿失。在高性能单核产品中，处理器产生的热量已带来显著问题，即便是没有热量问题，其性价比也无法让人接受，速度稍快的处理器价格要高很多。在此背景下，发展替代技术成为必然，多核技术应运而生。

基于片上总线的互连结构具有结构简单、协议简洁和可灵活配置等优点，目前嵌入式多核系统的主流设计大多采用片上总线互连结构。然而，随着片上系统集成度的提高，更多的模块被集成到一个芯片上，模块间通信的复杂度增加，片上组件的互连需要驱动更长的导线来实现，从而使导线成为系统真正的瓶颈。基于总线的典型的嵌入式多核结构如图1.1所示。

随着工艺制作水平的提高和科技的发展，片上多核技术以其可扩展性、可靠性和易设计等优势特性，已由原来的高端计算机系统向嵌入式系统普及。智能手机、便携式设备、机器人、航空航天、智能家居和工业控制等多个领域都在建立以多核处理器为基础的嵌入式应用系统，多核嵌入式设备的广泛应用也给设计者们提出了更多挑战。

多核嵌入式设备一般由电池供电，且需要更高的稳定性和容错性，这些因素使嵌入式设备对能耗优化提出了更高的要求，因此，设备能耗成为嵌入式多核系统设计时需要考虑的重要因素。2013年国际半导体技术蓝图(International Technology Roadmap for Semiconductors，ITRS)修订版指出功耗已成为集成电路设计的关键指标，是未来集成电路设计的主要挑战之一。嵌入式多核系统节能技术已成为当前研究的热点。

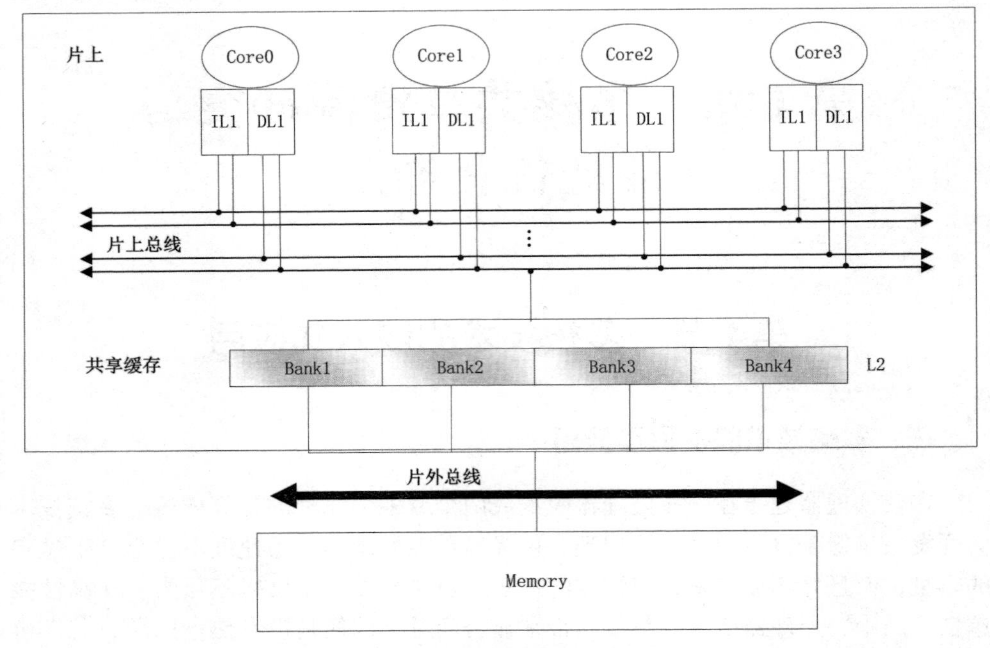

图 1.1　基于总线的典型的嵌入式多核结构

二、嵌入式多核中的总线能耗问题

如前所述，基于片上总线的多核结构，组件间的数据通信需要驱动更长的导线，为保证足够的数据带宽，负责数据通信的长互连导线，需要通过增加互连组件驱动器的数量和驱动能力来提高其工作频率。而功耗与工作频率呈现指数关系，特别是当制作工艺发展到深亚微米阶段时，长互连导线能耗在嵌入式系统能耗中的占比，已与处理器能耗和缓存能耗占比相当。因此，负责芯片数据通信的总线成为片上能耗的重要来源之一。

三、嵌入式多核中的共享缓存能耗问题

与总线类似，共享缓存也是嵌入式多核系统的一种重要共享资源，在缓解 CPU 和主存之间速度差异的同时，也给系统带来了大量的能耗，研究表明缓存系统能耗占嵌入式实时系统总能耗的近 50%，所以缓存系统节能研究已经成了实时系统节能研究的一个重要方向。

共享缓存能耗主要由两部分构成，一部分是由泄漏电流引起的静态能耗，另一部分是由逻辑开关电流及负载电容充放电引起的动态能耗。在嵌入式多核系统

中，共享缓存由同时运行的硬实时任务共享使用，这些硬实时任务的共享缓存访问总次数和执行时间能够反映共享缓存的能耗。

迄今为止，研究人员对嵌入式系统的能耗优化做了大量工作，且研究成果涵盖了诸如处理器能耗优化、缓存能耗优化和总线能耗优化等嵌入式系统的多个方面，这些能耗优化技术涉及面广，从不同角度给出了降低嵌入式系统能耗的方法。

第 2 节　多核共享资源冲突

多核处理器上的任务可并行执行，多个不同任务请求可能同时申请使用总线或同时访问共享缓存，在上述两种情况下将发生共享资源冲突。

1. 共享总线冲突

当来自多个核心的任务同时申请使用总线，而总线只能被一个任务占用时，将会发生总线冲突。为了在多核环境下获得更精确的最差情况执行时间 WCET (Worst-Case Execution Time，WCET) 估计，有必要预测和模拟并行任务的顺序行为，并全面分析冲突对 WCET 的影响。不同的总线仲裁策略对 WCET 分析的影响不同，因此总线冲突分析通常需要结合具体的总线仲裁策略。例如，Anderi 等人[①]通过优化处理器内核到总线时槽的映射和时槽长度，分析了基于 TDMA 总线的多核系统中总线冲突问题，将优化结果预存在增加的总线调度配置表中，以确保在实际任务执行中总线访问冲突延迟最小化。

2. 共享缓存冲突

在不同核心上运行的任务访问共享缓存时也会发生冲突。例如，一个核心上的任务将替换其他核心上任务在共享缓存中的数据，从而导致存储冲突。或者当多个任务同时访问共享缓存中的 bank 时，由于此 bank 一次只能响应一个请求，其他请求不得不暂停等待，从而导致 bank 冲突。由于总线冲突、存储冲突和 bank 冲突的存在，任务的 WCET 不能像在单核处理器环境中那样进行独立分析。

3. 共享资源冲突分析存在的问题

针对嵌入式多核系统片上共享资源冲突的研究，主要存在以下不足。

(1) 针对 IABA 总线中的冲突问题，已有的研究基于核数定义了最高延迟上限 UBD (Upper Bound Delay，UBD)，并利用 UBD 来估计任务所遭受的总线冲突

---

① A. Andrei, P. Eles, Z. Peng, et al. Predictable implementation of real-time applications on multiprocessor systems on chip[C]. The 21st International Conference on VLSI Design. IEEE, 2008: 49-60.

延迟。然而，共享缓存通常由多个 bank 构成，它们可以同时、并行地处理自己收到的访问请求。一个 bank 可以由不同的处理器核心共享，可能具有不同的核心到 bank 映射和不同的 UBD。因此，使用 UBD 来估计任务遭受的总线冲突延迟将导致保守的 WCET 估值。

(2)对于共享缓存的 bank 冲突问题，现有的研究基于一个简单的假设，即在并行任务中，访问同一 bank 的请求总是会产生 bank 冲突。通过给每个请求添加一个延迟上限来估计冲突延迟。事实上，在任务执行过程中，由于执行顺序和时间的不同，访问同一 bank 的请求并不总是发生 bank 冲突。而且，即使发生了冲突，每个请求所遭受的 bank 冲突延迟也不一定等于延迟上限。因此，这种假设是不合理的，估计的 bank 冲突延迟的值也过于保守。此外，已有研究也没有考虑总线冲突延迟和 bank 冲突延迟的时间重叠问题。

(3)针对嵌入式多核系统中的缓存能耗问题，目前的研究通常采用独立的私有缓存分配或共享缓存分区来优化缓存能耗，而没有考虑共享资源冲突延迟对缓存能耗的影响。

第 3 节　典型的多核共享资源能耗优化方法

一、典型的总线能耗优化方法

对于总线能耗，目前已有许多学者提出了优化技术和方法，并取得了一定的节能效果。例如 Stan 等人提出的总线翻转码(Bus Invert，BI)编码，主要利用数据的空间局部性来降低总线能耗，但指示线的引入抵消掉了部分节能收益，使节能效果不明显，且 BI 编码的效率随着总线宽度的增加而降低；Yang 等人依据一位热码编码原理提出了频繁值编码(Frequent Value Encoding，FVE)技术，此方法设定总线宽度与传输值的个数一致，需要较大的缓存容量，且根据频繁值(Frequent Value，FV)的变化实时更新缓存中的频繁值，使引入的硬件开销较大；其他诸如格雷码、零翻转编码等，更适合传输连续数据较多的地址总线，当被应用到片上数据总线时节能效果不明显。对于运行硬实时任务的嵌入式多核系统，由于硬实时任务对执行时间有严格的要求，所有硬实时任务必须在预设的截止期前完成，否则会导致灾难性事故。此时，负责片上互连的实时总线与普通总线相比又有了特殊要求，实时总线的能耗优化问题还需和访存请求遭受的冲突延迟、总线调度、缓存分配等一起考虑，属于多约束条件下多目标优化问题。

上述降低总线能耗设计了许多技术和方法，各有特点，有的基于某一类应用，有的基于某一类总线，有的为片上总线设计，有的针对片外总线。下面针对几种典型的总线节能技术进行介绍和分析，阐述各自的原理，为更好地利用它们提供基础。

(1)编码技术

通过前面的分析可知，总线动态能耗主要是由传输数据时，电平变换(即位变换)引起的电容充放电而产生的。有效的能耗优化方案大多以减少数据的位变换，减少传输数据时的充放电次数为目标。最初总线编码技术的目的是提高系统性能，增加总线的有效带宽。随后总线编码技术成为减少位变换最直接的方法，在过去的十几年里，众多学者根据传输数据的特征，提出了许多减少位变换、降低总线能耗的编码技术和方法。

1)总线翻转码(BI)

Stan 等人最早提出了 BI 编码。它的工作原理是，当要传输的数据值与它前面传输的数据值相比有超过半数的数据位要同时翻转时，则传输它的翻转码(即反码)以代替原数据值，否则发送原数据值，并在传输的数据上附加一个指示位，用于指示数据位是否进行了翻转。考察传输当前值与前一个值的翻转位数(变换数)，可以通过计算两个值的海明距离来实现。BI 编码的具体工作步骤如下：

(a)计算当前总线传输值V_{cur}与前一传输值V_{pre}之间的海明距离H_d(不包括翻转指示线)。

(b)当$H_d>\frac{w}{2}$(w为总线宽度)，置指示线的值为1，翻转V_{cur}，得到$\bar{V}_{cur}$作为本次传输的总线值。

(c)否则，置指示线的值为0，把V_{cur}作为本次传输的总线值。

(d)接收端根据指示线的值解码总线值得到原值。

由 BI 编码的原理可知，采用 BI 编码后，每次数据传输的变换数不会超过总线宽度的一半。这样可以有效减少总线上的数据位变换，从而降低总线能耗。

Shankaranarayana 等人在 BI 编码的基础上，提出了一种移位翻转码编码技术。与 BI 编码在传输数据值时，从原始数据值和其反码中选择变换少的数据值作为总线传输值不同，移位翻转码编码，除了使用上述两种数据外，又增加了两种可选择的传输数据值，即把原始数据值进行循环左移或循环右移得到两种数据值，也作为在总线上传输值的候选。接收方按发送方的编码规则进行解码，但为保证接收方正确解码需要两位指示位，此编码对于某些应用可有效减少位变换，进一步降低总线能耗。Kamal 等人提出了一种采用分割技术来降低控制位带来的能耗。该方法采用分割总线翻转码和奇偶总线翻转码技术，利用粒子群算法有效分割总线，为降低控制位的自变换和耦合变换，它搜索具有相似变换行为的分割，把它们分到一组，为分割的每个分组增加一个控制位，这样可以降低包括耦合变换能耗在内的总的能耗。还有其他一些基于BI编码的技术，如分组翻转码、局部翻转码等。

2)T0 编码

Benini 等人提出了一种针对地址总线的编码技术，可以有效降低地址总线上的电平变换，称为零变换编码(zero-transition activity encoding，T0 编码)。该方法利用总线上传输的地址数据通常是连续的特征，使位于总线接收端的设备，自动计算出下一周期需要接收的地址数据。这样，本来在下一周期需要传输的地址数据将不需要传输，以此减少电平变换，降低总线上的能耗。T0 编码的编码和解码可分别公式化描述为公式(1.1)和公式(1.2)：

$$(B^{(t)},\ \mathrm{INC}^{(t)})=\begin{cases}(B)^{(t-1)},\ 1)\mathrm{if}(t>0)\cap(b^{(t)}=b^{(t-1)}+S)\\(b^{(t)},\ 0)\mathrm{otherwise}\end{cases}\tag{1.1}$$

$$b^{(t)}=\begin{cases}b^{(t-1)}\mathrm{if}(INC=1)\cap(t>0)\\B^{(t)}\mathrm{ifINC}=0\end{cases}\tag{1.2}$$

其中 $B^{(t)}$ 表示 t 时刻总线上的编码值，$b^{(t)}$ 表示 t 时刻传输的地址原值，S 为常数步长。在 $T0$ 编码中，如果地址以固定的步长 S 递增，$B^{(t)}$ 被编码成 $B^{(t-1)}$，在其他情况下 $B^{(t)}$ 为原始数据 $b^{(t)}$。在传输时要增加冗余位 INC，用来指示发送的地址数据是原始数据还是经过了编码，接收方可以根据 INC 还原出原始数据，当传输的地址按固定的步长 S 连续时，INC 始终为 1 且总线上的编码值不变，此时总线上的变换数为 0，因此该编码被称为零变换编码即 T0 编码。Aghaghiri 等人扩展了 T0 编码，提出了不需要加指示位的 T0-C 编码，进一步减少了位变换。为提高性能，Komatsu 等人结合使用 T0-C 和自适应码本技术(用于存放最近访问过的目标地址)，提出了 T0CAC(T0-C with adaptive codebook)编码技术，它的基本思想是给最频繁的数据分配最少的信号变换码。

3)其他编码

其他典型的编码还包括格雷码(Gray)、一位热码(One-hot encoding)、工作区编码(Working-Zone Encoding，WZE)和模式变换编码(Transition Pattern Coding，TPC)等。Gray 码与 T0 编码类似，对于降低连续地址数据的位变换，可取得较好的效果，每次只有一位发生改变；一位热码可降低位变换是因为当值变化时只有两位发生变换，但是，它需要的位线条数与待编码的值的个数相同，因此对普通的总线并不适用；工作区编码是基于程序运行时的局部性，把地址空间划分为不同的工作区，在传输地址时只发送与上一个工作区的偏移量，以此达到减少片上地址总线能耗的目的；模式变换编码针对耦合电容引起的能耗，通过把位变换划分成不同的模式，优先降低造成能耗最大的模式下的变换，从而实现总线能耗优化。

以上许多编码技术，如总线翻转码是通用的技术，既可用于地址总线也可用于数据总线。通用技术正是由于它的通用性，使其只能适度降低电平变换数，总线能耗优化效果不明显，若想取得明显的节能效果，需要根据应用特征和数据特征设计更优的编码技术。

(2)辅助缓存技术

系统在运行程序时，每个数据值出现的频率是不同的，有的出现频率高，有的可能只出现一次。按照程序执行的局部性原理，大约 20% 的数据会出现在程序执行的 80% 时间里，同样，总线上传输的数据值也符合这一规律，各个数据值出现的频率也不相同，在此把出现频率高的值称为频繁值。利用频繁值增加辅助缓存也是一种典型的总线节能方法。

1)值缓存

Basu 等人提出了一种功耗协议(power protocol)来降低片外数据总线的功耗。该技术通过在片下数据总线的两端增加值缓存 VC(value cache)来减少传输数据量和位变换。这些 VC 记录最近经过总线传输的数据值。任意时刻两个 VC 中的记录都相同。当数据值经总线传输时，首先在发送方的 VC 中搜索判断是否存有该值，如果有，只传输它在 VC 中的索引值(即值在 VC 中的地址)以替代原值；在另一端，接收方可以根据传来的索引和本方 VC 确定收到的数据值。由于值索引的位数要远小于值的位数，这样可减少发送的数据量，有效降低数据位变换。如果在发送方的 VC 中没有该值，则在总线上发送原值。根据数据的时空局部性，在总线上传输的值中频繁值占比很大，而利用 VC 中存放的频繁值代替原值传输，使总线传输原值的几率大大降低。因此，减少了总线上的通信量，降低了片外数据总线能耗。此方法的不足是 VC 需要的容量较大，需要引入较大面积代价，不适合片上总线能耗优化。

2)通信值缓存

Liu 等人为实现总线节能，利用核间通信数据值的局部性引入了通信值缓存(Communicating Value Cache，CVC)。该方法为多核系统的每个核增加 CVC，用于存放在总线上出现最频繁的值。当数据值经过总线传输时，首先根据待传输值查找本方 CVC，若找到则直接发送该值在 CVC 中的索引；在另一端，接收方根据索引和本方 CVC 可以恢复出原值。若没找到则发送原值。由于 CVC 条目较少，索引位数比原值位数少很多。当通信值局部性较高时，引入 CVC 即可有效降低总线上传输数据的位数，减少位变换，从而降低总线能耗。而 CVC 的小容量决定了其存放值数有限，若 CVC 中的值固定不变，节能效果受限；而若 CVC 实时变化引入监控代价又太大。故此方法的适用范围，受应用程序中传输值的特征影响较大。

3)频繁值编码

Yang 等人①依据一位热码编码原理提出了频繁值编码技术。初始时把频繁值存放在缓存中，采用频繁值在缓存中的条目位置来产生热码位线(一位热码编码采用传输数据的十进制数产生热码位线)。当要发送的值是缓存中的频繁值时，用该值在缓存中的位置编号作为该值的编码产生热码位线，而不直接发送该值，接收方根据频繁值缓存和热码位线取出发送的原值。这样只有一位位线产生变换，大大降低了总线上的变换数，可以有效降低总线能耗。加入解耦电路，可进一步减少位变换。对于非频繁值，直接传输值本身，需设定总线宽度与传输值的宽度一致，并且此方法要求缓存容量较大，引入的代价较大，不适合片上总线。

4)值压缩

Yang 等人②提出了压缩缓存的方法，把缓存中每行的数据压缩到每行长度的一半以内，这样每个缓存行可以存放原来两个缓存行的数据。虽然，他们的主要目标是压缩片上缓存中的数据来提高缓存命中率，但是采用该方法后，在总线上也是以压缩的形式传输数据，这从客观上减少了总线上传输的数据量，减少了总线上的位变换，对总线节能具有一定的效果。

Citron 等人③根据总线上传输数据的高位部分通常保持不变或变化很小的特性，把值的高位部分压缩后存放在压缩表中，发送数据由压缩的原值高位部分在压缩表中的索引和没有压缩的原值低位部分及指示位构成，在接收方根据指示位和本方压缩表恢复出原值。这样相当于借助压缩表实现了一个比实际更宽的总线，可降低总线上的位变换，对降低总线能耗也有一定的效果。

二、典型的共享缓存能耗优化方法

近年来，研究人员从不同的角度研究了缓存系统能耗问题，提出了多种缓存

---

① J. Yang, R. Gupta, C. Zhang. Frequent value encoding for low power data buses [J]. ACM Transactions on Design Automation of Electronic Systems, 2004, 9(3): 354-384.

② J. Yang, Y. Zhang, R. Gupta. Frequent value compression in data caches[C]. Proceedings of IEEE/ACM International Symposium on Microarchitecture (MICRO-33), IEEE, 2000: 258-265.

③ D. Citron, L. Rudolph. Creating a wider bus using caching techniques [C]. Proceedings of First IEEE Symposium on High-Performance Computer Architecture, 1995: 90-99.

能耗优化方法，如低功耗缓存结构设计、基于可重构缓存的能耗优化和基于共享缓存划分的能耗优化。目前研究通常对私有缓存和共享缓存进行单独的能耗优化，例如，基于可重构缓存优化私有缓存能耗，基于路-组缓存划分对共享缓存进行能耗优化。然而，单独地优化私有缓存能耗，会影响任务访问共享缓存的次数和执行时间，从而影响共享缓存能耗。类似的，单独地优化共享缓存能耗，会影响任务的执行，从而影响私有缓存能耗。因此，单独地进行私有缓存和共享缓存能耗优化，无法保证优化后的结果，对整体缓存系统而言是最优的。另外，现有研究在构建任务的缓存能耗模型时，也未考虑冲突延迟对缓存能耗的影响。近年来，缓存能耗问题引起了国内外研究者的广泛关注，提出了多种缓存能耗优化方法。根据缓存能耗优化实现方式的不同，可将现在研究大致分为以下三类：

(1)低功耗缓存结构设计

这类研究主要通过优化缓存设计来实现节能，例如，Tanaka 等人①将门控电压技术和动态数据压缩技术相结合，以优化缓存静态功耗。Chakraborty 等人②提出了一种多备份缓存结构(Multi-Copy Cache)，该缓存结构使用电压缩放技术进行节能，并对每个数据项进行多个备份，以避免降低缓存工作电压时可能导致的数据项错误。国防科技大学的周宏伟等人③提出了一种将缓存状态保留(State-Preserving)和状态破坏(State-Destroying)两种低功耗模式相结合的泄漏电流功耗控制策略。Boettcher 等人④设计了一种可多路访问的低功耗缓存结构。

(2)基于可重构缓存的能耗优化

这类研究主要依据任务的访存特性调整缓存配置，如容量、相联度或缓存行的大小等，通过优化缓存配置来降低缓存能耗。Paul 等人⑤提出了一种动态自适应的指令缓存优化方法，该方法根据任务执行过程中的缓存需求分配合适的路、组和缓存块大小，在确保系统性能无明显降低的前提下，达到优化缓存能耗的目

---

① K. Tanaka, A. Matsuda. Static energy reduction in cache memories using data compression[C]. 2006 IEEE Region 10 Conference. IEEE, 2006: 1-4.

② A. Chakraborty, H. Homayoun, A. Khajeh, et al. Multi-copy cache: A highly energy-efficient cache architecture[J]. ACM Transtion Embedded Compution System, 2014, 13(5): 1-27.

③ 周宏伟，欧国东，齐树波等. 片上二级 cache 漏流功耗控制策略研究[J]. 电子学报，2008，36(8)：1532-1537.

④ M. Boettcher, G. Gabrielli, B. M. AI-Hashimi, et al. MALEC: a multiple access low energy cache[C]. Proc. of the Conference on Design, Automation and Test in Europe, 2013: 368-373.

⑤ M. Paul, P. Petrov. Dynamically adaptive I-cache partitioning for energy-efficient embedded multitasking[J]. IEEE Transactions on Very Large Scale Integration Systems, 2011, 19(11): 2067-2080.

的。Rawlins 等人①提出了一种针对数据缓存的启发式容量调节方法，该方法首先根据数据共享和缓存行为对任务进行分类，然后基于任务的分类调整缓存结构以减少缓存能耗。Zhang 等人②提出了一种高度可配置的缓存结构，该缓存结构能够根据任务特性调整路、组和块大小，从而减少缓存能耗。Wang 等人③将调整路、组和块大小的方法和共享缓存划分技术相结合，以进一步优化缓存能耗。Mittal 等人④使用动态缓存重配置方法减少多核系统中的共享缓存能耗，该方法使用缓存着色技术(Cache Coloring)进行缓存重配置。

(3)基于共享缓存划分的能耗优化

这类研究主要通过优化共享缓存在核(任务)之间的分配，在不影响系统性能或影响较小的情况下，降低共享缓存能耗。目前的研究主要使用基于路-组缓存划分技术。例如，Reddy 等人⑤利用基于路-组划分降低访存请求在数据缓存中的干扰，以减少访存请求缺失，达到共享缓存能耗优化的目的。Dongwoo 等人⑥则利用路-组缓存划分来提高混合缓存访问的命中率，以优化共享缓存能耗。

与现在研究不同，本章从 WCET 角度对硬实时任务在缓存中的能耗进行建模，采用基于 bank-column 的缓存划分和核到 bank 映射来优化缓存能耗。

---

① M. Rawlins, A. Gordon-Ross. An application classification guided cache tuning heuristic for multi-core architectures[C]. Proc of the 17th Asia and South Pacific Design Automation Conference (ASP-DAC), 2012: 23-28.

② C. Zhang, F. Vahid, W. Najjar. A highly configurable cache for low energy embedded systems[J]. ACM Transaction Embedded Compution System, 2005, 4(2): 363-387.

③ W. Wang, P. Mishra, S. Ranka. Dynamic cache reconfiguration and partitioning for energy optimization in real-time multi-core systems[C]. Proc. of Design Automation Conference (DAC'11), 2011: 948-953.

④ S. Mittal, Y Cao, Z. Zhang. MASTER: A multicore cache energy-saving technique using dynamic cache reconfiguration[J]. IEEE Transactions on Very Large Scale Integration (VLSI) Systems, 2014, 22(8): 1653-1665.

⑤ R. Reddy, P. Petrov. Cache partitioning for energy-efficient and interference-free embedded multitasking [J]. ACM Transaction Embedded Compution System., 2010, 9(3): 1-35.

⑥ L. Dongwoo, C. Kiyoung. Energy-efficient partitioning of hybrid caches in multi-core architecture[C]. Proc. of the 22nd Int'l Conference on Very Large Scale Integration, 2014: 1-6.

第2章 多核共享资源冲突分析与能耗评测工具

第1节 共享资源冲突延时分析工具

一、WCET 分析

WCET 分析是指在程序或程序段执行之前获得其在最坏情况下的执行时间估计值。WCET 分析是实时系统时间特征验证的核心任务，也是任务可调度性分析的基础。研究领域中现有动态 WCET 分析和静态 WCET 分析两种 WCET 分析技术。

动态 WCET 分析也称为基于测量的 WCET 分析，它主要通过在目标处理器或模拟器上执行程序，并结合大量输入集，在多次执行程序后，获得程序执行时间的上限。这种分析方法的优点是简单，只需要记录程序的开始时间和结束时间。但是，由于所设计的输入集难以完全覆盖所有路径，因此所获 WCET 估计值的安全性无法得到保证。

静态 WCET 分析是在不执行程序代码的情况下，通过分析程序的可执行文件或源代码，结合抽象的硬件模型，得到程序在给定硬件平台上执行的上限。静态 WCET 分析通常包括三个步骤：控制流分析、处理器行为分析与 WCET 估算。主要分析流程如图 2. 1 所示。在对程序进行 WCET 分析时，用高级语言编写的程序代码经过编译器的编译和优化后，其结构会发生变化并产生误差。前端工具需要对可执行代码进行分解，生成控制流图(CFG)，进行控制流分析，获取程序的一些动态信息，如基本块调用关系，循环上限、不可行路径等，然后结合用户注释，指令语义和抽象处理器模型来分析处理器行为，定义程序执行时间的上限，并最终输出分析 WCET 估值。

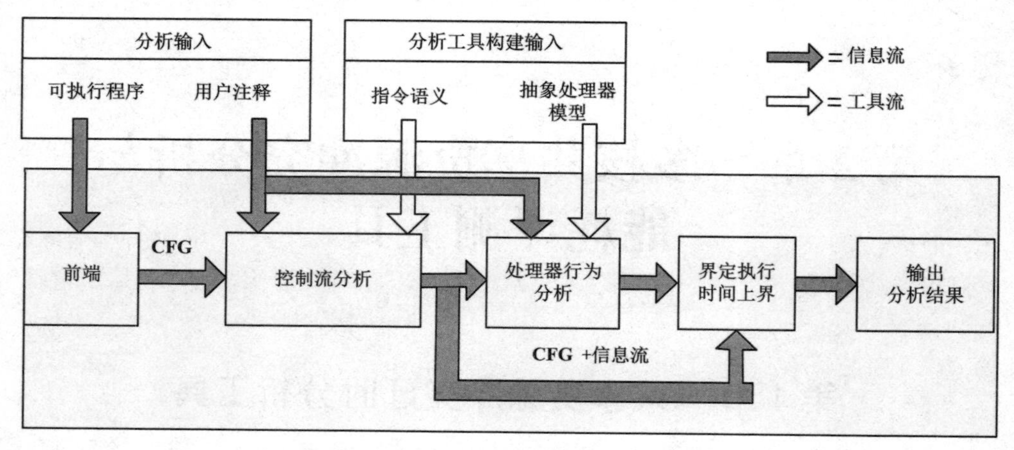

图 2.1　静态 WCET 分析的工作流程图

二、静态 WCET 分析工具

现有静态 WCET 分析工具比较多，如：RapiTime、AiT、Chronos、Heptane、等相对较成熟，表 2.1 列出了这些分析工具的主要特征。

表 2.1　静态 WCET 分析工具

工具	缓存	流水线	开源
AiT	I/D Caches	in-order/out-of-order	否
RapiTime	无	无	否
Sweet	I Cache	in-order	否
Heptane	I Cache	in-order	是
Bound-T	无	in-order	否
Chronos	I/D Caches	in-order/out-of-order	是
Florida	I/D Caches	mul-issue superscalar	否

Chronos 是一个开源的 WCET 分析工具，由新加坡国立大学计算机学院的一个研究小组开发。图 2.2 显示了 Chronos 的 WCET 分析过程。以 C 语言源程序作为输入，Chronos 在工具前端对 C 语言程序进行数据流分析，以获得程序中循环结构的边界。如果无法有效获取程序中的循环结构信息，则需要在用户注释中给出。随后 Chronos 反汇编生成汇编代码，以获得任务的路径信息和控制流图。接下来根据用户输入的处理器配置信息建立抽象处理器模型，并基于控制流信息对抽象处理器模型进行分析。最后，使用 CPLEX 求解器进行求解，最终得到

WCET 估计值。

Chronos 分析工具的核心模块包括处理器核心建模、流水线分析和缓存分析。

1. 处理器核心建模

Chronos 是一个基于 SimpleScalar 的简单外接处理器核心模型，其中的流水线包括五个阶段：取指、译码、执行、回写和提交。取指令阶段按顺序从片内缓存或片外存储器取指令，然后将指令写入分配队列。在译码阶段，采用指令驱动技术对指令进行译码和仿真、重命名寄存器、RUU(寄存器更新单元)/ ISQ(指令存储队列)等操作。在执行阶段，执行指令模型，计算加载/存储指令的存储地址。在回写阶段，若指令是 Load/Store 指令，则从存储系统读取数据，如果是另一条指令，则将结果写回。在提交阶段，提交是按照指令的逻辑顺序执行的。

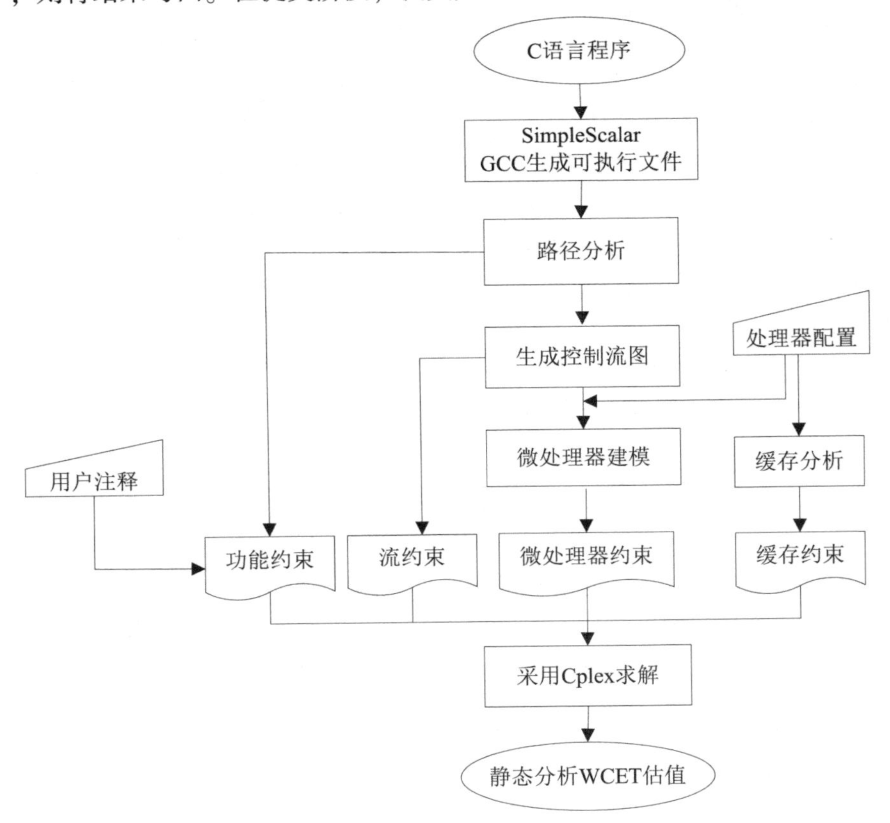

图 2.2　Chronos 的 WCET 分析过程示意图

2. 流水线分析

Chronos 使用执行图(Execution Graph)对每个基本块进行流水线建模分析。基本块的执行图可以定义为：

$$G_B = (V_B, EG_B) \tag{2.1}$$

其中，V_B 表示基本块 B 中的指令在流水线段的可能组合，EG_B 表示节点V_B间的依赖关系。建立基本块执行图后，先对基本块中指令的流水线段进行拓扑排序，然后对执行图进行分析。在执行图的分析中，假设基本块的第一条指令最早开始时间相位为零，按拓扑顺序分析每条指令的约束和依赖关系，获得不同流水线段中每条指令的最早/最晚开始时间和最早/最晚完成时间。最后，确定基本块中最后一个指令提交阶段的最迟完成时间，并将该时间作为基本块的最坏情况执行时间。

3. 缓存分析

Chronos 采用了抽象解释技术的缓存分析方法，对指令进行 CHMC 分类，分别使用 Must、May 和 Persistence 进行分析。Must 确定指令访问缓存是否属于 AH。May 确定指令访问缓存是否为 AM。Persistence 确定指令对缓存的第一次访问是否总是丢失，后续每次都命中。不属于 AH、AM 和 PS 类的指令被分类为 NC 类。NC 指令在 Chronos 中被归类为 AM 指令。可从 Chronos 获得以下信息：

(a)任务中所有基本块的最坏情况执行时间；(b)任务控制流程图、最坏情况执行路径、访问私有缓存的命中(缺失)次数、访问共享缓存的命中(缺失)次数、访问芯片外共享存储的次数等；(c)任务中每条指令的 CHMC；(d)任务的关键路径。

根据 Chronos 获得的所有基本块的最坏情况执行时间、命中(缺失)信息和控制流约束信息，采用整数线性规划方法求解，最终得到任务的 WCET 估计值。

第 2 节　能耗分析与评测工具

本节主要以分析总线动态能耗为例，介绍用于分析总线动态能耗的模型和评测工具。以与能耗相关的总线近似模型为基础，构建了总线能耗模型，给出了耦合参数取值与工艺尺寸的变化关系，着重分析了影响总线动态能耗的因素，最后介绍用到的测试评估工具。

一、总线能耗模型构建

片上总线负责片上其他组件的连接和通信，是其他组件交互的媒介，一般由处在同一金属层内并行分布、对齐排列的相同金属导线构成。驱动器和接收器分列在位线两端，某些情况下中间还连接中继器。通过较长较宽的总线传输数据需要大量能耗和时间。在一些广泛使用的电路分类中，互连功耗甚至超过总功耗的一半。同时保证高速性能的低功耗电路设计，不仅对于电池供电的便携式应用是必须的，而且对于降低专用的 VLSI(Very Large Scale Integration)处理器的功耗也是必须的。因为任何互连中额外的电流密度，都可能由于电压降和电迁移引起暂时的或长久的故障。

在深亚微米(Deep Sub-Micron，DSM)工艺下，互连问题变得严重而复杂。其中的一个问题是线间耦合电容的增加，这是因为更小的位线间距及更高的纵横比(高度/宽度)，对维持合理尺寸的线性电阻是必要的；另一个问题是细长导线的分布特性。这两个问题在未来工艺下将变得更加突出。

对于受耦合电容的具有 n 条位线的 DSM 总线，忽略了不相邻位线间的耦合电容和边界电容，与能耗相关的近似总线模型如图 2.3(a)所示，此时的总电容矩阵$\boldsymbol{C}'_{\mathrm{T}}$，可用三对角矩阵表示为公式(2.2)。

$$\boldsymbol{C}'_{\mathrm{T}}=\begin{bmatrix} c_{1,1}+c_{1,2} & -c_{1,2} & 0 & \cdots & 0 & 0 \\ -c_{1,2} & c_{1,2}+c_{2,2}+c_{2,3} & -c_{2,3} & \vdots & 0 & 0 \\ 0 & -c_{2,3} & c_{2,3}+c_{3,3}+c_{3,4} & \ddots & \vdots & \vdots \\ \vdots & \vdots & \vdots & \cdots & c_{n-2,n-1}+c_{n-1,n-1}+c_{n-1,n} & -c_{n-1,n} \\ 0 & 0 & \cdots & \cdots & -c_{n-1,n} & c_{n-1,n}+c_{n,n} \end{bmatrix} \tag{2.2}$$

如果令所有位线的对地自身电容都相等，即$c_{1,1}=c_{2,2}=c_{3,3}=\cdots=c_{n,n}=C_{\mathrm{L}}$，线间耦合电容都相等，即$c_{1,2}=c_{2,3}=\cdots=c_{n-1,n}=C_{\mathrm{I}}$，则可进一步简化该总线模型如图 2.3(b)所示，此时的总电容C_{T}可表示为公式(2.3)。耦合参数 $\lambda=C_{\mathrm{I}}/C_{\mathrm{L}}$，结合文献可得不同工艺尺寸下 λ 取值与工艺尺寸的变化关系如图 2.4 所示。

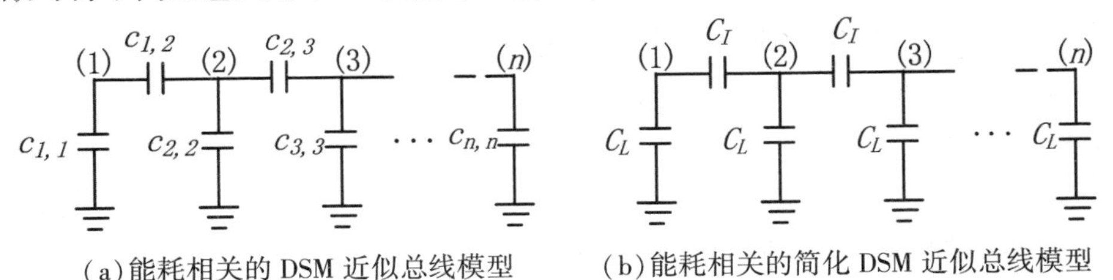

(a)能耗相关的 DSM 近似总线模型　　(b)能耗相关的简化 DSM 近似总线模型

图 2.3　近似 DSM 总线模型

$$\boldsymbol{C}_{\mathrm{T}}=\begin{bmatrix} 1+\lambda & -\lambda & 0 & \cdots & 0 \\ -\lambda & 1+2\lambda & -\lambda & \vdots & 0 \\ 0 & -\lambda & \ddots & \vdots & \vdots \\ \vdots & \vdots & \vdots & 1+2\lambda & -\lambda \\ 0 & 0 & \cdots & -\lambda & 1+\lambda \end{bmatrix} C_{\mathrm{L}} \tag{2.3}$$

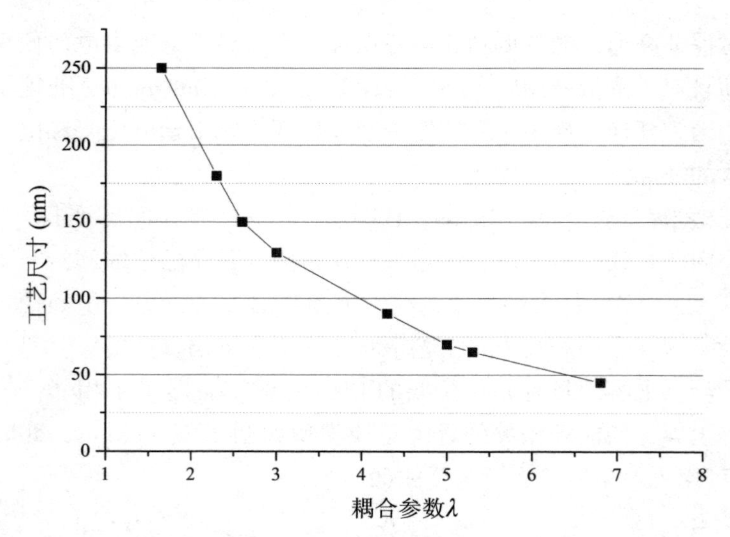

图 2.4　耦合参数取值与工艺尺寸的变化关系

在图 2.3(b)近似总线模型下，总线能耗可用公式(2.4)表示。其中，V^i 表示传输数据值前的初始电压，可表示为$V^i=[V_1^i, V_2^i, \cdots, V_n^i,]^T$，$V^f$ 表示传输完数据值后的终止电压，可表示为$V^f=[V_1^f, V_2^f, \cdots, V_n^f,]^T$。

$$E=(V^f)^T \cdot C_T \cdot (V^f-V^i) \tag{2.4}$$

而对于第 i 条位线有$V^f=V_{DD} \cdot s_i$，V_{DD} 表示供电电压，s_i 表示跳变，即根据传输的值而定其值为 0 或 1。结合公式(2.3)和(2.4)可得到计算总线能耗公式(2.5)。

$$E=V_{DD}^2 \cdot C_L \cdot (\sum_{i=1}^{n} SW_i+\lambda \cdot \sum_{j=1}^{n-1} SW_{j,j+1}) \tag{2.5}$$

其中，SW_i 表示第 i 条位线上的自变换数(称为垂直变换数、垂直距离或海明距离)，由自身电容引起，当条位线上传输的相继数据，即当前值和前一个值相比，由 0 变为 1 或由 1 变为 0 时，将发生垂直变换。$SW_{j,j+1}$ 表示相邻位线 j 和 j+1 上的耦合变换数(称为水平变换数或水平距离)，由耦合电容引起，水平变换发生在相邻的位线同时改变它们的值时，即从 00 变为 11，或从 11 变为 00，或从 10 变为 01，或从 01 变为 10。当 λ=0 时，表示不受耦合电容的总线模型，将在第 4 章研究不受耦合电容影响的总线节能方法，第 5 章研究受耦合电容影响的总线节能方法。

二、总线能耗影响因素分析

从公式(2.5)可以看出影响总线能耗的各因素：供电电压、总线位线的条数、自身电容和耦合电容，以及分别由它们产生的垂直变换和水平变换。从数据传输的角度看，影响总线能耗的因素还包括总线上的数据传输量等。对于运行硬实时任务系统中的实时总线能耗优化，还需要考虑共享缓存划分、共享资源访问冲突等问题。

为实现总线节能的目标，可从影响总线能耗的各因素入手，通过优化或降低某一个或多个因素，最终实现总线动态能耗优化。分别论述如下：

1. 降低供电电压

降低供电电压可降低总线能耗，但降低供电电压会增大数据访问延迟，所以在性能允许的情况下可以适当减少供电电压，以达到节能的目的。另外降低电压摆幅(voltage swing)也有利于总线节能。

2. 降低总线电容(自身电容和耦合电容)

总线电容，特别是耦合电容与导线的材质、排列、拓扑分布、尺寸等有关，一般相对固定。现有方法通常采用增加屏蔽线、增加位线间距或减少相邻位线间反相变换等措施来降低电容值。

3. 减少数据通信量

减少总线上的数据通信量，也是一种实现总线节能的方法，比如提高片上第一级缓存命中率，减少访问第二级缓存的请求数，可有效降低总线上的通信量，客观上可降低总线能耗。

4. 减少变换数

现有总线节能方法中普遍采用的是减少变换数，包括垂直变换和水平变换数。此方法以编码措施为代表，基于编码的总线能耗优化方法通常可分为代数编码、排列编码和概率编码三种。代数编码是指通过代数变换，将原值编码转换为其他形式的编码，如总线翻转码；排列编码是指对原值编码只进行排列变换，如模式变换编码；频率编码是指通过对程序的统计分析，获得数据连续出现的频率，然后对高概率出现的数据对进行编码，如频繁值编码。上述三种编码都以传输时使编码值的变换数尽可能少为目标，以总的变换数大小来衡量编码的效率。此外减少参与传输数据的位线条数，采用尽可能少的位线传递数据值，也可有效减少变换数。而减少传输通信量，最后的效果也是转化为减少位变换，属于间接减少变换数，本质说也可划归此类。

5. 降低共享资源访问冲突延迟上限

对于实时总线能耗优化，由于硬实时任务对执行时间有严格的要求，所有硬实时任务必须在预设的截止期前完成。为了保障硬实时任务顺利执行并提升实时系统性能，需估算任务的 WCET(影响任务可调度性、资源利用率等系统性能指标），这就要求嵌入式多核系统必须具有时间可预测性。而共享资源访问冲突直接影响着 WCET 估值，降低冲突延迟上限可降低 WCET 估值，增加任务可调度性，提升系统性能。因此，降低共享资源访问冲突延迟上限，是实现低延迟高性能实时总线能耗优化中的重要一环。

三、评测工具

1. Archimulator 模拟器

Archimulator 模拟器是本课题组设计开发的一款开源多核模拟器。它的整体目标是实现一个完全面向对象的开源多核体系结构模拟器，同时支持周期精确级模拟、用户态模拟以及多核细粒度性能评测与优化等功能。

(1)模拟器的灵活性

Archimulator 模拟器的灵活性主要体现在：面向对象接口的设计理念与事件驱动的时序优先模拟两个方面。(a)基于面向对象接口的体系结构。为适应不断变化的研究需求，模拟器的使用者经常需要对模拟器代码进行修改。Archimulator 模拟器完全基于 Java 的面向对象代码实现，提供了以接口为核心的类，用以组织目标体系结构各个部件的模拟，可实现相关部件的高度重用，提高了模拟器研发效率。(b)事件驱动的时序优先模拟方法。Archimulator 采用时序优先的模拟方法，通过时序模拟驱动功能模拟。可保证时序模拟中的错误，不会影响用户程序在功能模拟上的执行。

(2)模拟器的功能

Archimulator 模拟器的功能主要包括功能模拟和性能模拟。其中，功能模拟和性能模拟相互独立，模块之间通过事件触发和处理来进行交互。在不违背模块接口的前提下，可对性能模拟模块实现细节进行修改完善，而不会对功能模拟模块造成影响。性能模拟又分为多核多发射处理器模拟和多核缓存层次模拟两大部分。其模块间的关系如图 2.5 所示。

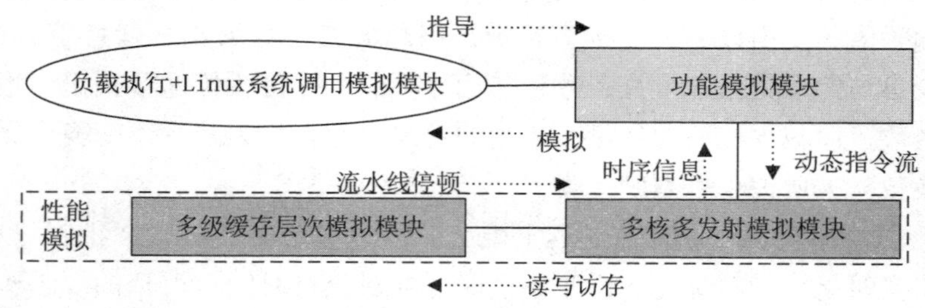

图 2.5　Archimulator 模拟器模块之间的关系

(a)功能模拟结构。为了避免动态链接库中操作系统参与的影响，

Archimulator 的功能模拟部分仅支持对经静态链接的 MIPSII(小端)可执行程序的指令执行。主要模块包括：MIPSII 小端 ELF(Executable and Linkable Format)文件载入器、MIPSII/Linux 系统调用模拟、虚拟内存管理和 MIPSII 指令译码及解释执行部件。

(b)性能模拟结构。Archimulator 性能模拟部分主要实现了对多核多发射处理器核心和包含式共享二级缓存层次的周期精确级模拟。其支持的处理器流水线结构如图 2.6 所示。

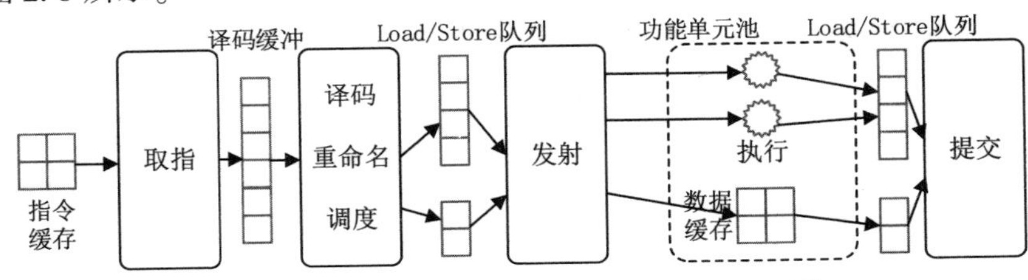

图 2.6　Archimulator 模拟器支持的流水线结构

2. Chronos

Chronos 是 Li 等人设计开发的一种 WCET 静态分析工具。工作流程如图 2.7 所示。它利用 C 语言程序和目标处理器的配置作为输入，前端在 C 源程序层次上执行有限的数据流分析确定循环结构上界，若无法确定循环结构上界，则需要用户提供相应信息。用户也可通过输入不可行路径(infeasible path)信息来提高结果的准确性。Chronos 通过反汇编可执行程序产生控制流图，并根据该控制流图对目标处理器进行分析。Chronos 支持流水线分析、各种动态分支预测机制分析、共享指令缓存和数据缓存分析等。采用的主要分析技术包括：抽象解释缓存分析法，对缓存访问进行分类；基于执行图(Execution Graph)的流水线分析，对控制流图的每个基本块(basic block)进行建模。根据获得的基本块执行时间、访问存储系统的时间和各阶段的约束关系等，使用整数线性规划方法将各部分执行时间进行组合，从而得到硬实时任务的 WCET 估算值。

3. Cadence 和 HSPICE

Cadence 软件是一个功能强大的系统工具，可完成整个集成电路(IC)设计流程的各个方面，如原理图输入(Schematic Input)；数字、模拟及混合电路仿真(Analog Simulation)；版图设计(Layout Design)；版图验证(Layout Verification)；自动布局和布线；印刷电路板图和生产制造数据的输出；针对高速印制电路板(PCB)、多芯片组件(MCM)电路的信号完整性分析等，从前到后提供了完整的输入、分析、版图编辑和制造的全线 EDA 辅助设计工具。

HSPICE 是 Meta-Software 公司为电路的性能模拟分析而开发的商业化通用电

路，用于模拟程序集成电路设计中的稳态分析、瞬态分析和频域分析等，它主要是在1972年加利福尼亚大学伯克利分校推出的SPICE和1984年MicroSim公司推出的PSPICE及其他电路分析软件的基础上，经过不断的改进增加了一些新的功能。目前已被许多公司、大学和研究开发机构广泛应用。它可与诸如Cadence、Workview等主要的EDA设计工具兼容，能提供针对集成电路性能的电路仿真和设计等重要结果。HSPICE软件可对设计的电路作精确的仿真、分析和优化。在实际应用中，HSPICE可用来得到关键性的电路模拟和设计方案，并且采用HSPICE对电路模拟时，其电路规模影响因素有限，仅取决于用户计算机的实际存储器容量。

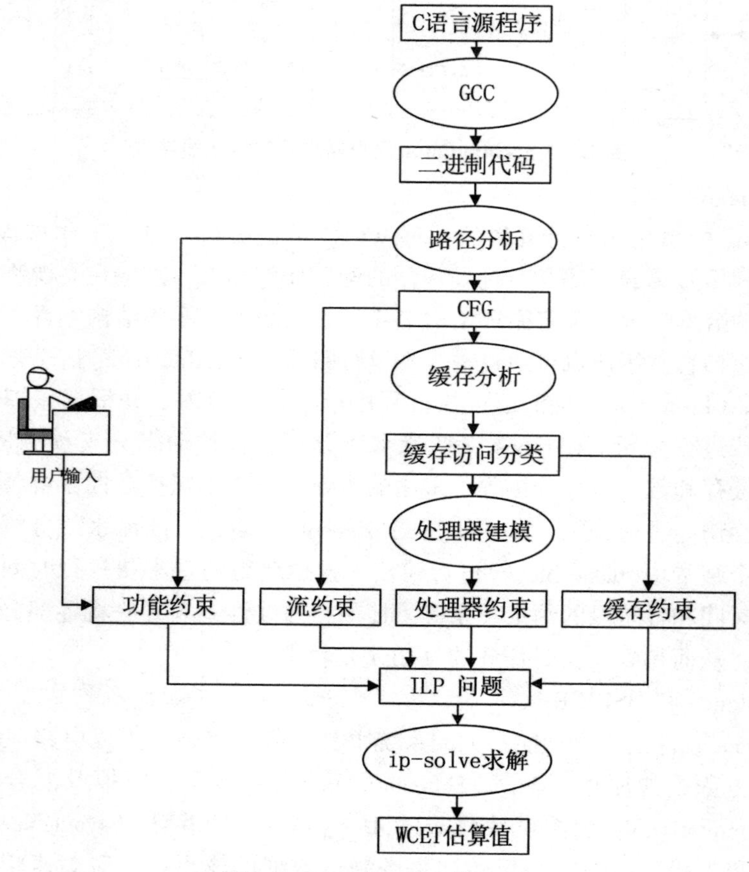

图2.7　Chronos的工作流程

第3章　多核共享资源冲突延迟分析

第1节　多核 IABA 总线冲突延迟分析

一、基于 IABA 总线的嵌入式多核结构

本节采用支持 IABA 策略的实时总线嵌入式多核结构，如图 3.1 所示。该多核结构具有 N_{core} 个支持有序流水线的多发射同构核；具有两层片上缓存，分别

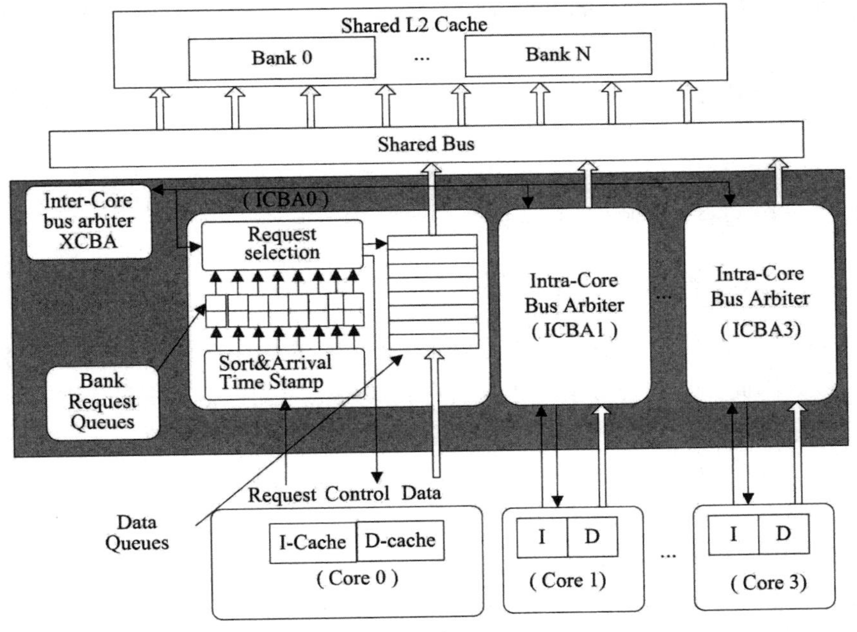

图 3.1　基于 IABA 总线的嵌入式多核结构

为：各处理核私有的第一级缓存(指令缓存 IL1 和数据缓存 DL1)和各处理核共享的第二级缓存(L2 cache)，其中 L2 cache 由多个大小相等的 bank 构成，每个 bank 又被均匀划分为多个 column；支持 IABA 策略的实时总线具有两层仲裁结构：核间总线仲裁器（Inter-Core Bus Arbiter，XCBA)和核内总线仲裁器 ICBA

(Intra-Core Bus Arbiter，ICBA)。XCBA 负责对核间请求进行仲裁，在调度总线请求时，能够判断是否会发生总线冲突或 bank 冲突。当两个访问同一 bank 的请求同时申请访问总线时，XCBA 将延迟其中一个的请求访问总线，以避免发生总线冲突和 bank 冲突。每个核有一个 ICBA，对来自此核内的请求进行仲裁，ICBA 根据请求的目标 bank 建立相应的请求等待队列，并采用先来先服务策略选择硬实时任务请求，转发给 XCBA。

请求在 IABA 总线上的冲突延迟可以分为 ICBA 等待延迟和 XCBA 冲突延迟。ICBA 等待延迟指请求到达 ICBA 和其被提交至 XCBA 之间的时间间隔。XCBA 冲突延迟指总线请求到达 XCBA 和其真正开始被 XCBA 处理的时间间隔，XCBA 冲突延迟受到核到 bank 映射的影响。下面首先利用核到 bank 映射关系，分析请求的 XCBA 冲突延迟上限 CUD_{xcba} 其中 CUD 是 Conflict Upper Delay 和 ICBA 等待延迟上限 WUD_{icba} 其中 CUD 是 Waiting Upper Delay 的缩写。

不失一般性，设任务集 T 包含N_{hrt} 个硬实时任务，N_{nhrt} 个非硬实时任务，且$N_{hrt}+N_{nhrt}\leqslant N_{core}$。令$\{HRT_1, HRT_2, \cdots, HRT_{(N_{hrt})}\}$表示$N_{hrt}$ 个硬实时任务，$\{NHRT_1, NHRT_2, \cdots, NHRT_{(N_{nhrt})}\}$表示$N_{nhrt}$ 个非硬实时任务。为了便于描述，设任务到核的映射为$\{c_1, c_2, \cdots, c_{(N_{nhrt})}, c_{(N_{nhrt}+1)}, \cdots, c_{(N_{nhrt}+N_{hrt})}\}$，设在每个总线调度内所有任务都有请求访问 IABA 总线，用 $RQ=\{rq_1, rq_2, \cdots, rq_{(N_{nhrt})}, rq_{(N_{nhrt}+1)}, \cdots, rq_{(N_{nhrt}+N_{hrt})}\}$表示任务的总线请求序列。处理器核 $c_i(c_i\in \mathbb{CC})$所映射的 bank 表示为 $B_i(B_i\subseteq \mathbb{B})$。

二、XCBA 冲突延迟上限分析

在 IABA 总线仲裁策略中，非硬实时任务请求的优先级低于硬实时任务请求的优先级。因此，根据任务集 T 中是否存在非硬实时任务，分别讨论总线请求在 XCBA 中的冲突延迟上限。

(a)$N_{nhrt}=0$。根据 XCBA 仲裁原理，硬实时任务请求之间采用 Round-Robin 策略。当核c_1 上的请求访问 XCBA 时，由于是当前 XCBA 调度内第 1 个访问 XCBA 的请求，故请求不遭受冲突，即$D_1^{xcba}=0$。当核$c_i(i>1)$上的请求访问 XCBA 时，由于只能有一个请求被 XCBA 调度，此时核 c_i 上的请求将遭受 XCBA 冲突，请求遭受的 XCBA 冲突来源于两个方面，一方面是核$c_{(i-1)}$上的请求引起的总线冲突，另一方面是与核c_i 映射到相同 bank 的核$c_j(j<i)$上的请求引起的 bank 冲突。显然，核c_i 上的请求的 XCBA 冲突延迟是这两个方面引起的冲突延迟的最大值。

设核$c_{(i-1)}$上的请求在 XCBA 中的冲突延迟为$D_{(i-1)}^{xcba}$，当核c_i 上的请求访问 XCBA 时，如果在当前的核到 bank 映射关系中，c_i 和 $c_{(i-1)}$映射到相同的 bank

上，即$B_i \cap B_{(i-1)} \neq \Phi$，核$c_i$上任务的请求被延迟$L_M$个时钟周期，其遭受的 XCBA 冲突延迟为$D_i^{xcba}=D_{(i-1)}^{xcba}+L_M$。如果$B_i \cap B_{(i-1)}=\Phi$，核$c_i$上的请求被延迟$L_B$个时钟周期，则$D_i^{xcba}=D_{(i-1)}^{xcba}+L_B$。用$X_{i(i-1)}$表示$c_i$和$c_{(i-1)}$是否映射到相同 bank，如果$B_i \cap B_{(i-1)} \neq \Phi$，$X_{i(i-1)}=1$，否则$X_{i(i-1)}=0$，则$D_i^{xcba}=D_{(i-1)}^{xcba}+L_B+X_{i(i-1)} \cdot (L_M-L_B)$。

设从核c_1到$c_{(i-1)}$中，与核c_i映射到相同 bank 上的核共有$K_{(i-1)}$个，由于不同核上的请求访问同一 bank 时，bank 每次只能响应其中的一个请求，其它请求必须等待，因此，核c_i上的请求遭受的 bank 冲突延迟为$D_i^{xcba}=(i-1) \cdot L_B+K_{(i-1)} \cdot (L_M-L_B)$。另外，请求遭受的 XCBA 冲突延迟应满足非负性约束，即D_i^{xcba}需大于等于零。

综合上述分析，核c_i上的请求在 XCBA 中的冲突延迟D_i^{xcba}可用公式(3.1)计算。

$$D_i^{xcba}=\begin{cases} 0, & \text{if} i=1 \\ \max\begin{pmatrix} 0, \\ D_{(i-1)}^{xcba}+L_B+X_{i(i-1)} \cdot (L_M-L_B) \\ (i-1) \cdot L_B+K_{(i-1)} \cdot (L_M-L_B) \end{pmatrix}, & \text{otherwise} \end{cases} \tag{3.1}$$

当核到 bank 映射关系已知时，公式(3.1)中的$X_{i(i-1)}$、$K_{(i-1)}$均可以计算出来。例如在图 3.2 中，核c_1、c_2、c_3映射到相同 bank 上，X_{21}、X_{32}、X_{43}分别是 1、1、0。核c_1、c_2、c_3、c_4对应的$K_{(i-1)}$值分别是 0、1、2、0(K_0默认为 0)。根据公式(3.1)，核c_1、c_2、c_3、c_4中的请求在 XCBA 中的冲突延迟分别是 0、4、8 和 10 个时钟周期。

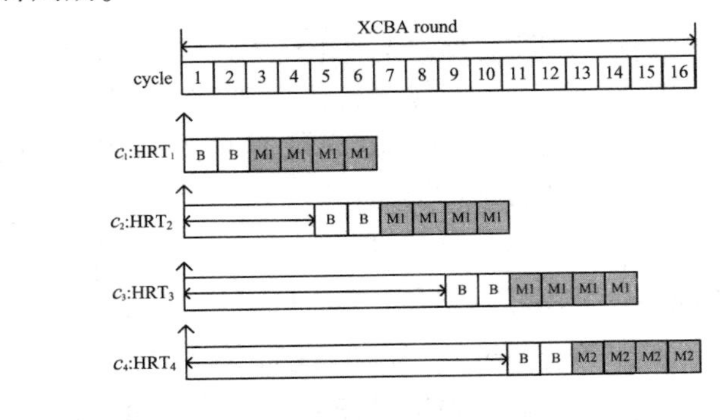

图 3.2　$N_{nhrt}=0$ 时请求在 XCBA 中的冲突延迟

当i大于 1 时，公式(3.1)可以转换为$D_i^{xcba}=\sum_{j=2}^{i} L_B+\max\left(0, \sum_{j=2}^{i} X_{j(j-1)}, K_{(i-1)}\right)$

$\cdot(L_M-L_B)$，在该公式中，$K_{(i-1)}$不是单调递增的，使得D_i^{xcba}随着核数的增加不具有单调性。由于$K_{(i-1)}=\sum_{k=2}^{(i-1)}X_{ik}(\forall c_i \in C)$，令$K=\max(K_{(i-1)})$，将$K$带入到上述公式中，可得$D_i^{xcba}=\sum_{j=2}^{i}L_B+\max(0,\sum_{j=2}^{i}X_{j(j-1)},K\cdot(L_M-L_B)$，此时，$D_i^{xcba}$随着核数的增加而变大，即具有单调性。因此，核$c_{(N_{hrt})}$上任务发出的请求在XCBA中的冲突延迟最大，为$\sum_{j=2}^{N_{hrt}}L_B+\max(0,\sum_{j=2}^{N_{hrt}}X_{j(j-1)},K)\cdot(L_M-L_B)$，这样请求在XCBA中的冲突延迟上限$CUD_{xcba}$可用如下公式计算，

$$CUD_{xcba}=(N_{hrt}-1)\cdot L_B+\max\left(0,\sum_{i=2}^{N_{hrt}}X_{i(i-1)},K\right)\cdot(L_M-L_B) \tag{3.2}$$

(b)$N_{nhrt}\neq 0$。根据XCBA仲裁原理，硬实时任务请求的优先级大于非硬实时任务请求的优先级，因此非硬实时任务请求只有比硬实时任务请求提前到达XCBA时，才能被处理。例如在图3.3中，核c_2上的非硬实时任务($NHRT_2$)请求比核c_3上的硬实时任务(HRT_1)请求早到达XCBA，XCBA将优先处理$NHRT_2$的请求，在这种情况下，HRT_1中的请求将遭受$NHRT_2$中请求的冲突。

由于非硬实时任务请求之间的优先级相同，非硬实时任务$NHRT_i$中的请求遭受的冲突延迟D_i^{xcba}可用公式(3.3)计算。

$$D_i^{xcba}=\begin{cases}0, & \text{if} i=1\\ \max\begin{pmatrix}D_{(i-1)}^{xcba}+L_B+X_{i(i-1)}\cdot(L_M-L_B)\\(i-1)\cdot L_B+K_{(i-1)}\cdot(L_M-L_B)\end{pmatrix}, & \text{if}(i<1\leqslant N_{nhrt})\end{cases} \tag{3.3}$$

硬实时任务HRT_1中的请求首先遭受非硬实时任务请求的冲突，其遭受的XCBA冲突延迟可用公式(3.4)计算。

$$D_{N_{nhrt}+1}^{xcba}=\max(0,D_{(N_{nhrt})}^{xcba}+L_B+X_{N_{nhrt}+1}\cdot(L_M-L_B)-N_{nhrt}) \tag{3.4}$$

公式(3.4)中，如果核$c_{(N_{nhrt+1})}$与核$c_{(N_{nhrt})}$映射到相同的bank上，则$X_{(N_{nhrt}+1)(N_{nhrt})}=1$，否则$X_{(N_{nhrt}+1)(N_{nhrt})}=0$。其它硬实时任务$HRT_i(N_{nhrt}<i\leqslant N_{nhrt}+N_{hrt})$遭受的XCBA冲突延迟可用公式(3.5)计算。

$$D_i^{xcba}=\max\begin{pmatrix}0,\\D_{(i-1)}^{xcba}+L_B+X_{i(i-1)}\cdot(L_M-L_B)-N_{nhrt}\\(N_{nhrt}+i-1)\cdot L_B+K\cdot(L_M-L_B)-N_{nhrt}\end{pmatrix} \tag{3.5}$$

公式(3.5)具有非递减性，因此，硬实时任务请求在XCBA中遭受的冲突延迟上限CUD_{xcba}可用公式(3.6)计算。

$$CUD_{xcba}=D_{(N_{nhrt})}^{xcba}+(N_{hrt}-1)\cdot L_B+\max_{delay}\cdot(L_M-L_B)-N_{nhrt} \tag{3.6}$$

公式(3.6)中，$\max_{delay}=\max\left(0,\sum_{i=2}^{N_{hrt}}X_{i(i-1)},K\right)$，$K=\max\left(\sum_{k=2}^{(i-1)}X_{ik}\right)(i<N_{hrt})$。

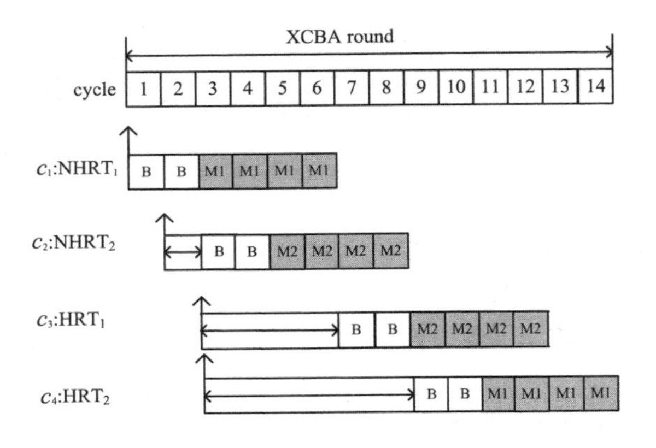

图 3.3 $N_{\mathrm{nhrt}} \neq 0$ 时请求在 XCBA 中的冲突延迟

综合情况(a)、(b)，得出请求在 XCBA 中的冲突延迟上限(公式 3.7)为：

$$\mathrm{CUD}_{\mathrm{xcba}} = (N_{\mathrm{nhrt}} + N_{\mathrm{hrt}} - 1) \cdot L_{\mathrm{B}} + \max_{\mathrm{delay}} \cdot (L_{\mathrm{M}} - L_{\mathrm{B}}) - N_{\mathrm{nhrt}} \tag{3.7}$$

其中 $\max_{\mathrm{delay}} = \max\left(0, \sum_{i=2}^{(N_{\mathrm{hrt}}+N_{\mathrm{nhrt}})} X_{i(i-1)}, K\right)$，$k = \max\left(\sum_{k=2}^{(i-1)} X_{ik}\right)(i < N_{\mathrm{hrt}} + + N_{\mathrm{nhrt}})$

三、ICBA 等待延迟上限分析

ICBA 负责处理核内部的请求，设 rq_j、rq_i 是来自同一个核的两个连续的请求，$\mathrm{Tarr}_j \leqslant \mathrm{Tarr}_i$。XCBA 在一个调度周期内只能为每个核处理一个请求，设 rq_i 在当前 XCBA 调度周期中访问总线，rq_j 在前一个 XCBA 调度中访问总线，则有 $\mathrm{Tarr}_j \leqslant \mathrm{XCBA}_{\mathrm{start}}$。请求 rq_j 访问 XCBA 的结束时间 $\mathrm{Tfin}_j = (\mathrm{Tarr}_j + D_j^{\mathrm{icba}} + D_{jj}^{\mathrm{xcba}} + L_{\mathrm{M}} + L_{\mathrm{B}})$，请求 rq_j 和 rq_i 访问总线的情况存在如下两种关系：

(a) $\mathrm{Tfin}_j \geqslant \mathrm{Tarr}_i$，即 rq_i 在 ICBA 中的等待延迟和 rq_j 访问 XCBA 的结束时间存在重叠，例如在图 3.4 中，任务 HRT_2 中的请求 rq_2 在访问 ICBA 时，请求 rq_1 对 XCBA 的访问还未结束，此时 rq_2 和 rq_1 在 IABA 总线上存在时间上的重叠，计算请求 rq_2 在 ICBA 中的等待延迟时要去除时间重叠部分。请求 rq_i 在 ICBA 中的等待延迟 $D_i^{\mathrm{icba}} = \mathrm{XCBA}_{\mathrm{start}} - \mathrm{Tfin}_j$，当 D_j^{icba} 和 D_j^{xcba} 取最小值时，($\mathrm{XCBA}_{\mathrm{start}} - \mathrm{Tfin}_j$) 的值最大。$D_j^{\mathrm{icba}}$ 和 D_j^{xcba} 最小值 0，即请求 rq_j 到达总线后能立即访问 ICBA 和 XCBA，因此请求 rq_i 在 ICBA 中的等待延迟上限为($\mathrm{CUD}_{\mathrm{xcba}} - L_{\mathrm{M}} - L_{\mathrm{B}}$)。

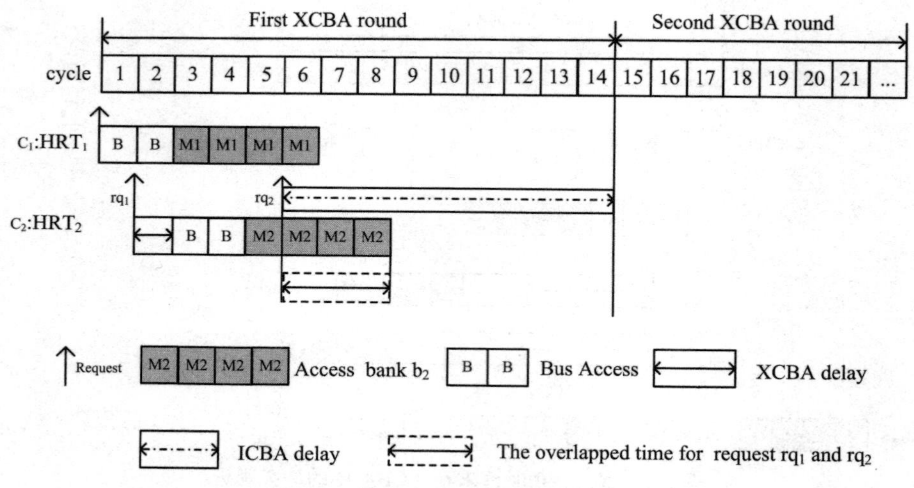

图 3.4　请求在 ICBA 中的等待延迟

(b) $Tfin_j \leqslant Tarr_i$，请求 rq_i 在 ICBA 中的等待延迟为 $(XCBA_{start} - Tarr_j)$，由 $Tarr_j \leqslant Tarr_i$，可得，$XCBA_{start} - Tarr_j \geqslant XCBA_{start} - Tarr_i$，因此，$(XCBA_{start} - Tarr_j)$ 最大值为 $(CUD_{xcba} - L_M - L_B)$，即请求 rq_i 在 ICBA 中的等待延迟上限为 $(CUD_{xcba} - L_M - L_B)$。

综合情况(a)、(b)，得出请求在 ICBA 中的等待延迟上限为：

$$WUD_{icba} = CUD_{xcba} - L_M - L_B \tag{3.8}$$

综合公式(3.7)、(3.8)，得出请求在 IABA 总线中的冲突延迟上限为：

$$CUD_{iaba} = 2 \cdot CUD_{xcba} - L_M - L_B \tag{3.9}$$

第 2 节　多核共享缓存冲突延迟分析

一、基于 TDMA 总线的嵌入式多核结构

本文主要研究两种嵌入式多核结构的共享缓存 bank 冲突：支持 TDMA 总线的多核结构和支持 IABA 总线的多核结构，且两种多核结构都支持 bank-column 缓存划分，如图 3.5 所示。

在图 3.5 中，一个嵌入式多核处理器含有 N_{core} 个支持多发射有序流水线的同构核，表示为 $C = \{c_1, c_2, \cdots, c_{(N_{core})}\}$。每个核有自己私有的第一级数据缓存和指令缓存。由所有核共享使用的第二级缓存（L2 缓存）采用 bank-column 缓存划分机制，先将 L2 缓存划分成 N_{bank} 个大小相等的 bank，表示为 $B = \{b_1, b_2, \cdots, b_{(N_{bank})}\}$，然后将每个 bank 进一步划分成相等的 N_{column} 个 columns，每个 column 由一个或多个组构成，多路关联，采用 LRU 替换策略，L2 缓存完成一次请求需要的时间为L_M 个时钟周期。在基于 TDMA 总线的嵌入式多核结构中，连接 L2 缓存和核的实时总线是全双工 TDMA 总线，如图 3.5 所示。总线完成一次请求所需要的时间为L_B 个时钟周期，当有多个请求同时申请总线时，总线仲裁器选择一个请求访问总线，通过总线后这些请求被串行化，并访问 L2 缓存。若是读操作的请求，读取的数据由 L2 缓存通过总线到达目的核，由于总线是全双工的，不影响从核发出的请求申请总线。请求访问 L2 缓存发生缺失时，需要访问主存。

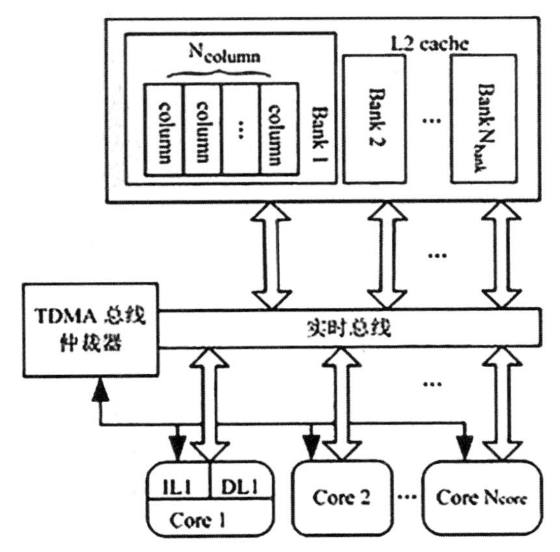

图 3.5 基于 TDMA 总线的嵌入式多核结构

在支持 TDMA 总线的嵌入式多核结构中，TDMA 总线采用简单轮询调度策略，每个总线调度周期有L_{round} 个等长的总线时槽，表示为 $R = \{s_1, s_2, \cdots, s_{(L_{round})}\}$。每个总线时槽长度等于总线完成一次请求所需要的时间，即L_B 个时钟周期，并设L_M/L_B 是整数。核到总线时槽映射是一一映射，并设$c_i(\in C)$映射到总线时槽$s_i(\in R)$，来自核c_i 的请求只能在总线时槽s_i 上访问总线。

二、多任务应用模型及共享缓存分配

本文主要研究两种多任务应用的共享缓存 bank 冲突，一种是只包含硬实时任务的多任务应用，称之为硬实时多任务应用；另一种是同时含有硬实时任务和非硬实时任务的多任务应用，称之为混合多任务应用。

对于任一种多任务应用，用T_{hrt} 表示其硬实时任务集，所有任务通过非抢占式划分调度方法固定分配到N_{core}个核上，且分配到同一核上的任务在这个核上按顺序执行，用C_{hrt}（$\subseteq C$）表示带有硬实时任务的核集合，C_{hrt}中的核数用N_{hrt}（$\leq N_{core}$）表示，最多有一个核c_{nhrt}（$\in C$）只带有非硬实时任务。在最差情况下，C_{hrt}中的N_{hrt}个核都在执行硬实时任务，即最多有N_{hrt}个硬实时任务同时运行。对于硬实时多任务应用，$C_{hrt}=C$，$c_{nhrt}=\varphi$，$N_{hrt}=N_{core}$。

在分配 L2 共享缓存时，先为带有硬实时任务的核分配缓存，然后为只带有非硬实时任务的核分配缓存，分配给一个核的 columns 供该核上的任务独占使用。用Γ_i（$\subseteq T_{hrt}$）表示分配到核c_i（$\in C_{hrt}$）上的硬实时任务集合，在为带有硬实时任务的核c_i分配缓存时，分配给c_i的 column 数应满足Γ_i中所有硬实时任务的需求。分配给核的 column 数由需要最多 column 数的硬实时任务决定。用S_j表示硬实时任务 HRT_j（$\in \Gamma_i$）需要的 column 数，分配给核c_i的 column 数可表示为：

$$Sz_{(c)_i}=\max\ (S_j \mid \forall HRT_j \in \Gamma_i) \tag{3.10}$$

若$c_{nhrt}\neq\varphi$，则将剩余的（$N_{bank}\cdot N_{column}-\sum_{\forall c_i\in C_{hrt}} Sz_{(c)_i}$）个 column 分配给$c_{nhrt}$，以供这个核上的非硬实时任务使用。

按照这种方法分配 L2 共享缓存可以满足所有硬实时任务的需要，其特点如下：

（1）每个核独占分配的 column，不存在 storage 冲突；

（2）不同核可以共享使用同一个 bank，可能存在 bank 冲突；

（3）能够灵活地在核间分配共享缓存，提高共享缓存的利用率。共享缓存在核间的不同分配对应着 bank 到核的不同映射，且硬实时任务可能遭受不同的 bank 冲突。

另外，利用 Li 等人所提方法来处理任务间代码共享和任务间通信。如果多个任务共享使用某个函数或程序段，则为每个任务复制一份以取消任务间代码共享。若任务间需要通信则采用邮箱机制来取消由同步带来的影响。

三、共享资源冲突分析

1. 请求的总线冲突延迟估算

请求访问总线的时序只有在动态执行时才可以确定，当前的 WCET 分析技术无法确切的获得请求的总线访问时序，但通过静态分析可以得到一个请求 rq 的总线访问时序范畴：最早总线访问时序 Earliet（$t^{bus}_{(rq)}$）和最晚总线访问时序 Latest（$t^{bus}_{(rq)}$）。以请求的总线访问时序范畴为基础，分析请求遭受的总线冲突延迟和 bank 冲突延迟。

设核c_i（$c_i \in$ CC ）上硬实时任务发出的请求 rq_i 的总线访问时序范畴为

[Earliest($t^{bus}_{(rq_i)}$)，Latest($t^{bus}_{(rq_i)}$)]，请求 rq_i 到达总线时先等待仲裁器仲裁。在TDMA 总线仲裁策略下，每个核分配有固定的总线时槽，运行在某个核上的任务发出的请求，只有在该核所分配的总线时槽内才可以访问总线。设分配给核 c_i 的总线时槽为 s_i，总线处理核 c_i 上的任务发出请求的时间可以递归表示为：$BS_i^{(q+1)}=BS_i^{(q)}+N_{core}\cdot L_B$，$BS_i^{(1)}=s_i\cdot L_B$，其中 $BS_i^{(q)}$ 表示总线时槽 s_i 在第 q 个总线周期被分配给核 c_i 的开始时间。若请求 rq_i 到达总线时序为 $t_{(rq_i)}$ (Earliest($t^{bus}_{(rq_i)}$) $\leqslant t_{(rq_i)}\leqslant$ Latest($t^{bus}_{(rq_i)}$))，根据上述递归关系，请求 rq_i 在时序为 $t_{(rq_i)}$ 时所在的总线周期可用公式(3.11)计算，遭受的总线冲突延迟可用公式(3.12)计算。

$$\text{period}(t_{(rq_i)})=\left\lfloor\frac{t_{(rq_i)}}{L_{bus}}\right\rfloor \tag{3.11}$$

$$\text{wait}(t_{(rq_i)})=\begin{cases}\left\lfloor\dfrac{t_{(rq_i)}}{L_{bus}}\right\rfloor\cdot L_{bus}+s_i\cdot L_B-t_{(rq_i)}, & \text{if}\left(\left\lfloor\dfrac{t_{(rq_i)}}{L_{bus}}\right\rfloor\cdot L_{bus}\right)\geqslant t_{(rq_i)}-s_i\cdot L_B\\ \left(\left\lfloor\dfrac{t_{(rq_i)}}{L_{bus}}\right\rfloor+1\right)\cdot L_{bus}+s_i\cdot L_B-t_{(rq_i)}, & \text{otherwise}\end{cases} \tag{3.12}$$

公式(3.11)和公式(3.12)中，$L_{bus}=N_{core}\cdot L_B$。由于 Earliest($t^{bus}_{(rq_i)}$) $\leqslant t_{(rq_i)}\leqslant$ Latest($t^{bus}_{(rq_i)}$)，因此请求 rq_i 遭受的总线冲突延迟 bad_i 可用公式(3.13)计算。

$$bad_i=\begin{cases}N_{core}\cdot L_B-1, & \text{if Latest}(t^{bus}_{(rq_i)})\bmod L_{bus}>s_i\cdot L_B\text{ 且}\\ & \text{Earliest}(t^{bus}_{(rq_i)})\bmod L_{bus}<s_i\cdot L_B\\ \text{wait}(\text{Earliest}(t^{bus}_{(rq_i)})), & \text{otherwise}\end{cases} \tag{3.13}$$

2. 请求的 Bank 访问时序范畴分析

由上述分析可得，请求 rq_i 真正被 TDMA 总线开始处理的时序(Bus Access Dealt Timing，BADT)可表示为

$$\text{BADT}(t_{(rq_i)})=t_{(rq_i)}+\text{wait}(t_{(rq_i)}) \tag{3.14}$$

其中，$t_{(rq_i)}\in$ [Earliest($t^{bus}_{(rq_i)}$)，Latest($t^{bus}_{(rq_i)}$)]。

定理3.1　对于核 c_i 上任务发出的请求 rq_i，设其总线访问时序范畴为[Earliest($t^{bus}_{(rq_i)}$)，Latest($t^{bus}_{(rq_i)}$)]，设 t_k、t_m 分别是请求 rq_i 可能访问总线的时序(Earliest($t^{bus}_{(rq_i)}$) $\leqslant t_k\leqslant$ Latest($t^{bus}_{(rq_i)}$)，Earliest($t^{bus}_{(rq_i)}$) $\leqslant t_m\leqslant$ Latest($t^{bus}_{(rq_i)}$))，如果 $t_k\leqslant t_m$，则 BADT(t_k) $\leqslant$ BADT(t_m)。

证明：使用公式(3.11)可得请求 rq_i 在时序为 t_k、t_m 时各自的总线周期 period(t_k)和 period(t_m)，period(t_k)和 period(t_m)之间仅存在如下两种关系：

(1) $\text{period}(t_k)=\text{period}(t_m)$，即$\left\lfloor \frac{t_m}{L_{\text{bus}}} \right\rfloor = \left\lfloor \frac{t_k}{L_{\text{bus}}} \right\rfloor$，由于请求只有在核 c_i 所分配的总线时槽内才被处理，因此时序 t_k、t_m 与核 c_i 的第 $\text{period}(t_k)$ 个总线时槽之间的关系可分为以下三种情况。

第一种情况，$\left(t_k \leqslant \left\lfloor \frac{t_k}{L_{\text{bus}}} \right\rfloor \cdot L_{\text{bus}}+s_i \cdot L_{\text{B}} \right)$ 且 $\left(t_m \leqslant \left\lfloor \frac{t_m}{L_{\text{bus}}} \right\rfloor \cdot L_{\text{bus}}+s_i \cdot L_{\text{B}} \right)$，此时，

$\text{BADT}(t_m) = \left\lfloor \frac{t_m}{L_{\text{bus}}} \right\rfloor \cdot L_{\text{bus}}+s_i \cdot L_{\text{B}}$，$\text{BADT}(t_k) = \left\lfloor \frac{t_k}{L_{\text{bus}}} \right\rfloor \cdot L_{\text{bus}}+s_i \cdot L_{\text{B}}$，由$\left\lfloor \frac{t_m}{L_{\text{bus}}} \right\rfloor = \left\lfloor \frac{t_k}{L_{\text{bus}}} \right\rfloor$可得 $\text{BADT}(t_m)=\text{BADT}(t_k)$。

第二种情况，$\left(t_k \leqslant \left\lfloor \frac{t_k}{L_{\text{bus}}} \right\rfloor \cdot L_{\text{bus}}+s_i \cdot L_{\text{B}} \right)$ 且 $\left(t_m > \left\lfloor \frac{t_m}{L_{\text{bus}}} \right\rfloor \cdot L_{\text{bus}}+s_i \cdot L_{\text{B}} \right)$，此时，

$\text{BDAT}(t_m)=\left(\left\lfloor \frac{t_m}{L_{\text{bus}}} \right\rfloor +1 \right) \cdot L_{\text{bus}}+s_{\text{i}} \cdot L_{\text{B}}$，$\text{BADT}(t_k) = \left\lfloor \frac{t_k}{L_{\text{bus}}} \right\rfloor \cdot L_{\text{bus}}+s_i \cdot L_{\text{B}}$，由$\left\lfloor \frac{t_m}{L_{\text{bus}}} \right\rfloor = \left\lfloor \frac{t_k}{L_{\text{bus}}} \right\rfloor$可得 $\text{BADT}(t_k)<\text{BADT}(t_m)$。

第三种情况，$\left(t_k > \left\lfloor \frac{t_k}{L_{\text{bus}}} \right\rfloor \cdot L_{\text{bus}}+s_i \cdot L_{\text{B}} \right)$ 且 $\left(t_m > \left\lfloor \frac{t_m}{L_{\text{bus}}} \right\rfloor \cdot L_{\text{bus}}+s_i \cdot L_{\text{B}} \right)$，此时 $\text{BDAT}(t_m)=\left(\left\lfloor \frac{t_m}{L_{\text{bus}}} \right\rfloor +1 \right) \cdot L_{\text{bus}}+s_i \cdot L_{\text{B}}$，$\text{BADT}(t_k)=\left(\left\lfloor \frac{t_k}{L_{\text{bus}}} \right\rfloor +1 \right) \cdot L_{\text{bus}}+s_i \cdot L_{\text{B}}$，由$\left\lfloor \frac{t_m}{L_{\text{bus}}} \right\rfloor = \left\lfloor \frac{t_k}{L_{\text{bus}}} \right\rfloor$可得 $\text{BADT}(t_k)=\text{BADT}(t_m)$。

(2) $\text{period}(t_k)<\text{period}(t_m)$，即$\left\lfloor \frac{t_m}{L_{\text{bus}}} \right\rfloor > \left\lfloor \frac{t_k}{L_{\text{bus}}} \right\rfloor$，将其直接带入到公式(3.14)中可得 $\text{BADT}(t_k)\leqslant\text{BADT}(t_m)$。

综合上述分析，如果$t_k \leqslant t_m$，则 $\text{BADT}(t_k)\leqslant\text{BADT}(t_m)$，由$t_k$、$t_m$ 的任意性，可得 $\text{BADT}(\text{Earliest}(t^{\text{bus}}_{(\text{rq}_i)}))\leqslant\text{BADT}(\text{Latest}(t^{\text{bus}}_{(\text{rq}_i)}))$。

证毕

总线处理一个请求的访问延迟为 L_{B}，因此请求 rq_i 访问共享缓存 bank 的最早时序可用公式(3.15)计算，最晚时序可用公式(3.16)计算。公式(3.16)中增加 $(N_{\text{core}}-1)\cdot L_{\text{M}}$ 是为了便于后续的冲突分析中，排除不发生 bank 冲突的请求。

$$\text{Earliest}(t^{\text{bank}}_{(\text{rq}_i)})=\text{BADT}(\text{Earliest}(t^{\text{bus}}_{(\text{rq}_i)}))+L_{\text{B}} \tag{3.15}$$

$$\mathrm{Latest}(t_{(\mathrm{rq}_i)}^{\mathrm{bank}}) = \mathrm{BADT}(\mathrm{Latest}(t_{(\mathrm{rq}_i)}^{\mathrm{bus}})) + L_B + (N_{\mathrm{core}} - 1) \cdot L_M \tag{3.16}$$

3. 请求的 Bank 访问非冲突判定

本节基于请求访问共享缓存 bank 的时序范畴进行 bank 冲突分析。不失一般性，设有 $n(1 \leqslant n \leqslant N_{\mathrm{core}})$ 个核共享 bank $b_k(b_k \in \mathbb{B})$，表示为 $C_{(b_k)} = \{c'_1, c'_2, \cdots, c'_n\}$，设 $C_{(b_k)}$ 中等待访问 bank b_k 的请求形成的访问序列为 $\mathrm{RQ}_{(b_k)} = \{\mathrm{rq}_1, \mathrm{rq}_2, \cdots, \mathrm{rq}_n\}$。

定理 3.2　对 $\mathrm{RQ}_{(b_k)}$ 中的任意两个请求 rq_i、rq_j，设其访问 bank b_k 的时序范畴分别为 $[\mathrm{Earliest}(t_{(\mathrm{rq}_i)}^{\mathrm{bank}}), \mathrm{Latest}(t_{(\mathrm{rq}_i)}^{\mathrm{bank}})]$，$[\mathrm{Earliest}(t_{(\mathrm{rq}_j)}^{\mathrm{bank}}), \mathrm{Latest}(t_{(\mathrm{rq}_j)}^{\mathrm{bank}})]$。若 rq_i 和 rq_j 访问 bank b_k 的时序范畴满足以下关系，则二者在访问 bank b_k 时不发生冲突。

$\mathrm{Latest}(t_{(\mathrm{rq}_j)}^{\mathrm{bank}}) \leqslant \mathrm{Earliest}(t_{(\mathrm{rq}_i)}^{\mathrm{bank}}) - (n-1) \cdot L_M - \mathrm{bcd}_k$

或者 $\mathrm{Earliest}(t_{(\mathrm{rq}_j)}^{\mathrm{bank}}) \geqslant \mathrm{Latest}(t_{(\mathrm{rq}_i)}^{\mathrm{bank}}) + (n-1) \cdot L_M + \mathrm{bcd}_k$

其中，bcd_k 表示在未处理 $\mathrm{RQ}_{(b_k)}$ 中的请求之前 bank b_k 上的冲突延迟，n 表示映射到 bank b_k 上的处理器核数目。

证明：若 $\mathrm{Latest}(t_{(\mathrm{rq}_j)}^{\mathrm{bank}}) \leqslant \mathrm{Earliest}(t_{(\mathrm{rq}_i)}^{\mathrm{bank}}) - (n-1) \cdot L_M - \mathrm{bcd}_k$，设请求 rq_j 访问 bank b_k 的时序为 $t_j(\mathrm{Earliest}(t_{(\mathrm{rq}_j)}^{\mathrm{bank}}) \leqslant t_j \leqslant \mathrm{Latest}(t_{(\mathrm{rq}_j)}^{\mathrm{bank}}))$。在 n 个核共享 bank b_k 时，rq_j 被允许访问 bank b_k 的最坏情况是：其他 $(n-2)$ 个核存在访问 bank b_k 的请求，且 rq_j 最后被处理。处理 $(n-2)$ 个请求所需要时间为 $(n-2) \cdot L_M$。因此，请求 rq_j 将在时刻 $t_j + \mathrm{bcd}_k + (n-2) \cdot L_M$ 开始被处理，在时刻 $t_j + \mathrm{bcd}_k + (n-1) \cdot L_M$ 被处理完毕，由 $t_j \leqslant \mathrm{Latest}(t_{(\mathrm{rq}_j)}^{\mathrm{bank}})$ 和 $\mathrm{Latest}(t_{(\mathrm{rq}_j)}^{\mathrm{bank}}) \leqslant \mathrm{Earliest}(t_{(\mathrm{rq}_j)}^{\mathrm{bank}}) - (n-1) \cdot L_M - \mathrm{bcd}_k$ 可推导出 $t_j + \mathrm{bcd}_k + (n-1) \cdot L_M \leqslant \mathrm{Earliest}(t_{(\mathrm{rq}_j)}^{\mathrm{bank}})$。故 rq_j 不影响 rq_i 对 bank b_k 的访问，因此两者不会产生 bank 冲突。同理可证，若满足条件 $\mathrm{Earliest}(t_{(\mathrm{rq}_j)}^{\mathrm{bank}}) \geqslant \mathrm{Latest}(t_{(\mathrm{rq}_i)}^{\mathrm{bank}}) + (n-1) \cdot L_M + \mathrm{bcd}_k$，请求 rq_i、rq_j 访问 bank b_k 时也不发生 bank 冲突。

证毕。

4. 请求的 Bank 冲突延迟估算

定理 3.2 是判定 bank 访问非冲突的充分非必要条件，利用其可以排除序列 $\mathrm{RQ}_{(b_k)}$ 中与 rq_i 不存在 bank 冲突的请求，剩余的请求则视为与请求 rq_i 存在 bank 冲突。设 $\mathrm{RQ}_{(b_k)}$ 中和请求 rq_i 存在冲突的请求形成的序列为 $\mathrm{RQ}' = \{\mathrm{rq}'_1, \mathrm{rq}'_2, \ldots, \mathrm{rq}'_m\}(m<i, \mathrm{RQ}' \subseteq \mathrm{RQ}_{(b_k)})$，发出 RQ' 中请求的核所对应的总线时槽为 $R' = \{s'_1, s'_2, \cdots, s'_m\}$，$\mathrm{RQ}'$ 中第 $j(1 \leqslant j \leqslant m)$ 个请求遭受的 bank 冲突延迟记为 $\mathrm{bcd}_{k,j}$，则

$$\mathrm{bcd}_{k,1}=\max\left(0,\ \mathrm{bcd}_{k}-s'_{1}\cdot L_{\mathrm{B}}\right) \tag{3.17}$$

$$\mathrm{bcd}_{k,j}=\max\left(0,\ \mathrm{bcd}_{k,(j-1)}+L_{\mathrm{M}}-(s'_{j}-s'_{(j-1)})\cdot L_{\mathrm{B}}\right) \tag{3.18}$$

$$\mathrm{bcd}_{k,i}=\max\left(0,\ \mathrm{bcd}_{k,m}+L_{\mathrm{M}}-(s'_{i}-s'_{m})\cdot L_{\mathrm{B}}\right) \tag{3.19}$$

当$j=1$时，请求rq'_1遭受的bank冲突延迟可以用公式(3.17)计算，rq'_1是RQ′中第1个请求，能延迟rq'_1访问bank b_k必然是b_k上当前的冲突延迟bcd_k，发出请求rq'_1的核所对应的总线时槽为s'_1，因此当rq'_1开始访问b_k时，其遭受的bank冲突延迟为$\mathrm{bcd}_\mathrm{k}-s'_1\cdot L_\mathrm{B}$，如图3.6所示。公式(3.18)表示RQ′中第$j(1<j\leqslant m)$个请求遭受的bank冲突延迟，请求$\mathrm{rq}'_{(j-1)}$先于$\mathrm{rq}'_j$访问bank b_k，这使得bank b_k上冲突延迟增加L_M，而在总线时槽$[s'_{(j-1)},\ s'_j]$之间没有其他核上的请求能访问bank b_k，b_k上的bank冲突延迟将减小$(s'_j-s'_{(j-1)})\cdot L_\mathrm{B}$，因此$\mathrm{rq}'_j$访问bank b_k时遭受的冲突延迟为$(\mathrm{bcd}_{k,(j-1)}+L_\mathrm{M}-(s'_j-s'_{(j-1)})\cdot L_\mathrm{B})$，如图3.7所示。反复利用公式(3.18)可以得到请求rq_m访问bank b_k遭受的冲突延迟。rq_m是距离rq_i最近的访问bank b_k的请求，使用公式(3.19)可计算rq_i遭受的bank冲突延迟。bank冲突延迟具有非负性，因此公式(3.17)、公式(3.18)和公式(3.19)中请求遭受的bank冲突延迟需要满足非负性约束。

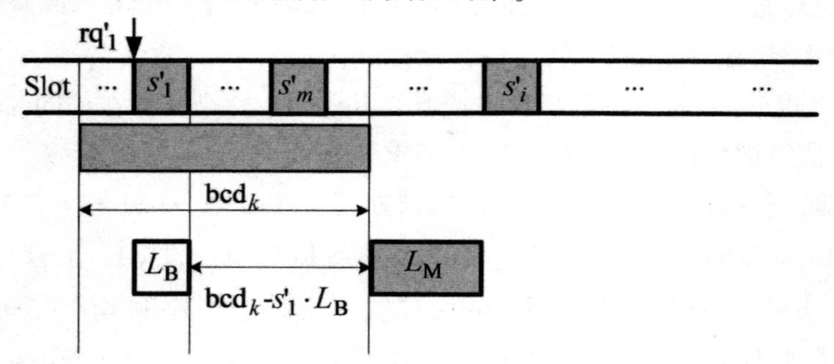

图3.6　请求rq'_1遭受的bank冲突延迟

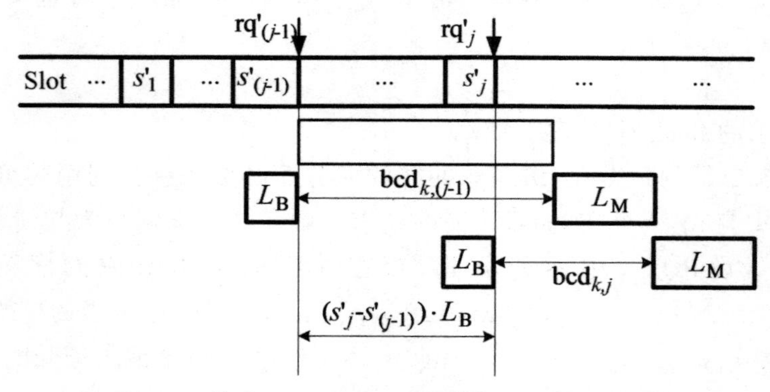

图3.7　请求$\mathrm{rq}'_j(1<j\leqslant m)$遭受的bank冲突延迟

5. 任务遭受的冲突延迟估算

下面基于上述请求的总线冲突延迟估算、bank 冲突延迟估算和 bank 访问非冲突判定定理，估算任务遭受的冲突延迟。为方便陈述，先给出估算过程中的关键步骤，然后给出具体的算法。估算过程主要包含以下 4 个步骤：

(1)确定总线周期的开始时间。将所有任务中待处理的请求形成访问序列 RQ，取 $Bus_{min}=\min(\text{Earliest}(t^{bus}_{(rq_i)})\mid \forall rq_i\in RQ)$。由于 Bus_{min} 是 RQ 中所有请求的总线访问时序范畴的最小值，故能保证所有待处理的请求能在当前的总线周期，或者之后的某个总线周期得到处理。基于公式(3.11)计算总线周期的开始时间，即 $Bus_{start}=Bus_{min}-Bus_{min}\bmod(N_{core}\cdot L_B)$。

(2)消除请求访问总线与访问共享缓存 bank 时的重叠时间。在基于 TDMA 总线的多核系统中，不同请求在访问总线和访问共享缓存 bank 时，可能存在着时间重叠。例如，当请求 rq_j 和 rq_i 来自相同的核，rq_j 是 rq_i 的前一个请求，如果 rq_i 访问 TDMA 总线时，rq_j 正在访问共享缓存 bank。此时，rq_j 的 bank 冲突延迟和 rq_i 的总线冲突延迟发生时间重叠。依据请求 rq_i 的总线访问时序范畴和 rq_j 的 bank 访问时序范畴的关系，可将两者的重叠分为 3 种情况：不重叠、完全重叠和部分重叠。不重叠指 rq_i 访问总线时，rq_j 访问 bank 已经结束，如图 3.8(a)所示，图中 $\text{finish}(t^{bank}_{rq_j})$ 表示请求 rq_j 访问 bank 的结束时序。完全重叠指 rq_i 访问总线时，rq_j 正在访问 bank，如图 3.8(b)所示。部分重叠指 rq_i 访问总线时，rq_j 可能在访问 bank，如图 3.8(c)所示。

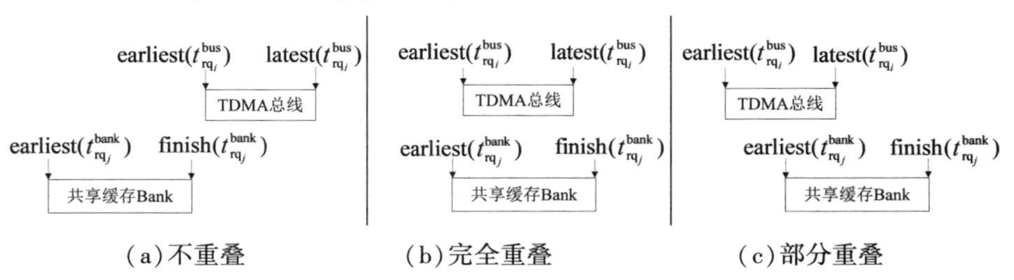

图 3.8　rq_i 的总线冲突延迟与 rq_j 的 bank 冲突延迟之间关系

算法 3.1 针对上述 3 种情况进行处理，以获得 rq_i 去除重叠后的总线冲突延迟，算法输入中 min_ delay 和 max_ delay 分别表示 rq_j 的 bank 冲突延迟最小值和 bank 冲突延迟最大值。算法 3.1 第 3 行判断 rq_i 的总线冲突延迟和 rq_j 的 bank 冲突延迟之间是否重叠，如果二者不重叠，使用公式(3.13)计算 rq_i 的总线冲突延迟。算法 3.1 第 6 行判断两者是否完全重叠，如果完全重叠，rq_i 的总线冲突延迟将被 rq_j 的 bank 冲突延迟完全隐藏，此时 rq_i 的总线冲突延迟为零。算法 3.1 第 9～12 行对二者部分重叠的情况进行处理。为了去除重叠时间，更新 rq_i 的最

早总线访问时序为 rq_j 访问 bank 的最早结束时序，然后利用公式(3.13)计算 rq_i 的总线冲突延迟。

算法 3.1　消除请求访问总线与访问共享缓存 bank 时的重叠时间

输入：rq_i，rq_j，min_ delay，max_ delay

输出：请求 rq_i 的总线冲突延迟 bad_i

1. temp1 = earliest($t_{rq_j}^{bank}$) + min_ delay+L_M；/* 请求 rq_j 访问 bank 的最早结束时序 */

2. finish($t_{rq_j}^{bank}$)= latest($t_{rq_j}^{bank}$) + max_ delay+L_M；/* rq_j 访问 bank 的最晚结束时序 */

3. if (finish($t_{rq_j}^{bank}$)<earliest($t_{rq_i}^{bus}$)) then

4. 　使用公式 3.13 计算请求 rq_i 的总线冲突延迟 bad_i；

5. else

6. if (latest($t_{rq_i}^{bus}$)+wait(latest($t_{rq_i}^{bus}$)<temp1) then

7. bad_i =0；

8. 　else

9. 　if (earliest($t_{rq_i}^{bus}$)+ wait(earliest($t_{rq_i}^{bus}$)<temp1) then

10. earliest($t_{rq_i}^{bus}$)= temp1；

11. end if

12. 　　使用公式(3.13)计算请求 rq_i 的总线冲突延迟 bad_i；

13. end if

14. end if

15. return bad_i；

(3)确定请求访问 bank 的时序范畴。对于请求 $rq_i(rq_i \in RQ)$ 使用公式(3.15)和公式(3.16)确定其 bank 访问时序范畴。

(4)估算请求遭受的 bank 冲突延迟。基于请求时序范畴进行冲突分析时，由于时序的不同，请求 rq_i 对 bank 的访问可能位于不同的总线周期。若这些总线周期内来自其它核的请求不相同，则 rq_i 遭受的 bank 冲突延迟也不完全相同。为了确保 bank 冲突延迟估算的安全性，需要分析请求 rq_i 在这些可能的总线周期内遭受的 bank 冲突延迟。我们通过 rq_i 的总线访问时序范畴与当前总线周期开始时间 Bus_{start} 之间的关系，来判断 rq_i 访问 bank 时所在的总线周期，然后分别进行 bank 冲突延迟估算。rq_i 的总线访问时序范畴 [Earliest($t_{(rq_i)}^{bus}$)，Latest($t_{(rq_i)}^{bus}$)] 与 Bus_{start} 之间的关系存在以下三种情况。

第一种情况，Latest($t_{(rq_i)}^{bus}$) $\leqslant Bus_{start}+s_i$，$s_i$ 表示任务所映射核的总线时槽。

此情况下，请求 rq_i 只在第 $Bus_{start}mod(N_{core} \cdot L_B)$ 个总线周期访问 bank。

第二种情况，$Earliest(t^{bus}_{(rq_i)}) \le Bus_{start} \le Latest(t^{bus}_{(rq_i)})$，此情况下，请求 rq_i 可能在第 $Bus_{start}mod(N_{core} \cdot L_B)$ 个总线周期访问 bank，也可能在第 $Bus_{start}mod(N_{core} \cdot L_B)$ 个总线周期以后的总线周期内访问 bank，此时需要分别估算 rq_i 在这些总线周期中遭受的 bank 冲突延迟，并取其最大值作为 rq_i 的 bank 冲突延迟。

第三种情况，$(Bus_{start}+s_i) \le Earliest(t^{bus}_{(rq_i)})$。此情况下请求 rq_i 在第 $Bus_{start}mod(N_{core} \cdot L_B)$ 个总线周期不访问 bank。

算法 3.2 给出任务的冲突延迟估算算法。算法输入中，bank_ map[ ][ ]表示核到 bank 映射关系。$RQ^{bus}_{c_i}$ 表示核 c_i 上任务的总线访问序列。算法过程中，b_ delay[ ]表示在一个总线周期开始时每个 bank 上的冲突延迟(相当于定理 3.2 中的 bcd_k)。min_ delay[i]和 max_ delay[i]分别表示请求 rq_i 遭受的 bank 冲突延迟最小值和最大值。trq_i 存放与请求 rq_i 来自相同核的上一个请求。used[i]表示 rq_i 的总线访问时序范畴与总线周期开始时间 Bus_{start} 之间的关系，used[i]=0 表示两者关系属于上述的第一种情况，used[i]=1 表示属于第二种情况，used[i]=2 表示属于第三种情况。

算法 3.2 中第 1 行对 bank_ map[ ][ ]进行分析，得到每个 bank 上映射的核数；第 4 行判断是否可以从序列 $RQ^{bus}_{RT_i}$ 取新的请求，只有 used[i]=0 才可以取新的请求；第 6～7 行确定总线周期开始时间 Bus_{start}；第 8 行调用算法 3.1 估算请求遭受的总线冲突延迟；第 11～13 行计算总线周期开始时各 bank 上的冲突延迟；第 14～39 行分析请求是否发生 bank 冲突并计算 bank 冲突延迟，其中第 15～17 行根据请求的总线访问时序范畴与当前总线周期开始时间 Bus_{start} 的关系设置 used[i]的值；第 18～26 行分析请求间的 bank 冲突，Bank( )函数用于返回请求所访问的 bank；第 27 行根据 conflict[ ][ ][ ]和 b_ delay[ ]，利用公式(3.17)～公式(3.19)计算请求的 bank 冲突延迟；第 28、29 行分别计算请求在可能分散的总线周期内 bank 冲突延迟的最小值和最大值；第 31 行计算任务的 bank 冲突延迟 Dbank[i]；第 33 行为了保证 WCET 估值的安全性，更新核 c_i 所映射的 bank 上的冲突延迟。第 35 行和第 37 行分别更新第二种情况、第三种情况下请求的最早总线访问时序为$(round+s_i+1)$，以确保其在下一个总线周期仍可以被处理；第 40～44 行更新变量的值，为下一个总线周期的冲突分析做准备。

算法 3.2 估算任务遭受的冲突延迟

输入：$RQ_{c_i}^{bus}$，N_{core}，L_M，L_B，s_i，bank_ map[ ][ ]

输出：核 c_i($c_i \in C$)上任务的总线冲突延迟 Dbus[i]，bank 冲突延迟 Dbank[i]

1. 分析 bank_ map[ ][ ]得到映射到每个 bank 上的核数并存放于 core[ ]；
2. while（存在一个 $RQ_{c_i}^{bus}$ 不为空）do
3. for（i=1；i<=N_{core}；i++）do
4. if（used[i]==0 and $RQ_{c_i}^{bus}$ 不为空）then
5. 取 $RQ_{c_i}^{bus}$ 中第 1 个请求 rq_i；
6. Bus_{start}=Min(Bus_{start}，earliest($t_{rq_i}^{bus}$)+wait(earliest($t_{rq_i}^{bus}$)))；
7. Bus_{start}= Bus_{start} − Bus_{start} mod(N_{core} · L_B)；
8. 调用算法 3.1 计算 rq_i 的总线冲突延迟；Dbus[i]= Dbus[i]+ bad_i；
9. end if
10. end for
11. for（j=1； j<=N_{bank}； j++）do
12. b_ delay[j]=Max(0，Bus_{start}− bank_ Timing[j])；
13. end for
14. for(i=1；i<= N_{core}；i++）do
15. if(latest($t_{rq_i}^{bus}$)<=Bus_{start}+s_i）then used[i]=0；end if
16. if(earliest($t_{rq_i}^{bus}$)<=Bus_{start}+s_i<=latest($t_{rq_i}^{bus}$)）then used[i]=1；end if
17. if(Bus_{start}+s_i<= earliest($t_{rq_i}^{bus}$)）then used[i]=2；end if
18. k= Bank(rq_i)；
19. 使用公式(3.15)和公式(3.16)计算 rq_i 访问 bank k 的时序范畴；
20. for（j=1；j< i；j++）do
21. if(k=Bank(rq_j) and（used[i]==0 or used[i]==1)）then
22. if(earliest($t_{rq_i}^{bank}$)≥(latest($t_{rq_j}^{bank}$)+core[k] · L_M+ L_M+ b_ delay[k] or
latest($t_{rq_i}^{bank}$)≤(earliest($t_{rq_i}^{bank}$)−core[k] · L_M−L_M− b_ delay[k]))then
23. conflict[i][j][k]=1；
24. end if
25. end if
26. end for
27. 使用公式(3.17)～(3.19)计算 rq_i 的 bank 冲突延迟，存放在 temp_ delay[i]；

```
28. max_ delay[i]=Max(max_ delay[i], temp_ delay[i]);
29. min_ delay[i]=Min(min_ delay[i], temp_ delay[i]);
30. if(used[i]==0 or used[i]==1) then
31. Dbank[i]= Dbank [i]+ max_ delay[i];
32. last[k]= s_i;
33.  对于核 c_i 所映射的每一个 bank t_i,  b_ delay[t_i]=max_ delay[i];
34. max_ delay[i]=0; min_ delay[i]=0;
35. if(used[i]==1) then earliest(t^bank_rq_i)= Bus_start+s_i+1; end if
36. else
37. earliest(t^bank_rq_i)= N_core · L_B+s_i+1;
38. end if
39. end for
40. for (j=1; j<=N_core; j++) do
41. bank_ Timing[j]= Bus_start+last[j] · L_B+L_M+b_ delay[j];
42. end for
43.  if (used[i]==0)  then 将 rq_i 保存在 trq_i 中，并从 RQ^bus_c_i 中删除 rq_i; end if
44. end while
45. return  Dbus[], Dbank[];
```

第4章　基于局部频繁值的能耗优化方法

本章重点研究不受耦合电容影响的嵌入式片上数据总线节能问题。传统的总线节能方法，尤其是一些片外总线的节能方法，引入的硬件较多、代价较大。而且片上总线所处的位置和结构特征，也决定了传统的节能方法，并不能为片上总线带来良好的节能效果。本章针对现有节能技术存在的问题，在设计基于节能总线的多核架构，扩展缓存数据一致性协议的基础上，提出了一种基于局部频繁值的双模式总线节能方法，该方法挖掘传输值的局部性，通过统计分析模式获取局部频繁值和更新时间点，利用频繁值缓存并结合改进的翻转码技术，通过标准执行模式有效降低了总线上的变换数，从而实现了总线节能。

第1节　多核总线能耗优化概述

一、引言

随着制作工艺水平的提高和科技的发展，嵌入式设备在性能上有了很大提升，应用领域越来越广，逐渐成为人们日常生活中不可或缺的产品。简单、高效是嵌入式多核芯片快速发展的优势，然而，电池供电的特点使能耗成为制约其发展的瓶颈。因此，在设计嵌入式多核芯片时，能耗成为一个主要的考虑因素，优化多核芯片的能耗成为研究嵌入式多核系统的热点。而随着芯片上处理核数的不断增长，负责连接片上组件的总线能耗也在不断增加，在芯片能耗中占的比重越来越大，并且还存在继续增大的趋势，这使得优化片上总线能耗势在必行。

根据总线能耗的影响因素，目前降低片上总线能耗有两个主流方向：一是，减少位线上的数据通信量；二是，减少在位线上相继传输数据的变换数，即高低电平的变换活动。近年来已有许多学者投入到总线能耗优化研究中，提出了许多降低片上总线能耗的技术和方法。例如，Liu 等人提出的增加辅助缓存的方法；Rezaei 等人提出的低摆动信号方法；Singha 等人和 Jafarzadeh 等人分别提出的数据编码技术；Sathish 等人提出的分组技术；Verma 等人通过设计编码器硬件的方法等。这些节能技术和方法对降低片上总线能耗时取得了一定的效果，但还存在如下问题：

(1)有些节能技术需要加入较多的辅助硬件，有些技术需要在线监测，硬件复杂度较高。

(2)大多总线节能技术只针对某一种或某一类应用而设计，对于其他类应用节能效果不明显，适用范围受限。

(3)针对高性能服务器或小型机多核芯片的总线节能技术，对嵌入式多核芯片的面积受限等特殊需求考虑较少。

针对现有节能技术存在的不足，本章利用数据值的局部性，结合改进的翻转码技术，提出了一种基于局部频繁值的双模式总线节能方法。这一节能措施可减少多个核之间和核与缓存系统之间的数据通信量，减少数据传输时激活的链路位线数量并降低被激活位线上的变换数，从而实现嵌入式多核芯片的节能。并且所提双模式节能方法引入的硬件复杂度较低，适用范围较广，也可应用于其他互连方式(如交叉开关等)的能耗优化。主要贡献如下：

(1)增加了总线节能模块，设计了基于节能总线的嵌入式多核结构。

(2)结合改进的翻转码，提出了一种基于局部频繁值的双模式总线节能方法，设计了频繁值缓存结构和编解码电路，并缩减了指示线条数。

二、相关工作

嵌入式多核系统中各处理核和存储子系统之间需要互连互通，各核的私有缓存与共享缓存和内存之间要保持数据一致性，系统需要设计相应的数据通道为它们之间的数据通信提供通路。基于总线的片上互连结构经常被用在处理核数比较少的嵌入式多核系统中，作为多核结构的互连通路。在传输 0、1 数据时，高低电平转换引起的电容频繁充放电会产生大量动态能耗。嵌入式系统电池供电的特征决定了对片上互连链路的节能优化必不可少。目前已有许多技术和方法用于总线节能，Bishop 等人利用数据的重复性提出了一种自适应的总线编码来减少位变换，降低总线能耗；Halak 等人利用局部编码的方式减少串扰，降低总线能耗和片上面积；Suresh 等人利用变长编码降低片外总线能耗；Chee 等人设计了无内存编码优化总线功耗。以上各措施对总线节能都取得了一定的效果。下面着重论述与本章密切相关的两种总线节能技术。

(1)频繁值编码

频繁值编码(FVE)是一种有效的总线节能方法。该方法利用值的局部性特征，在总线两端增加了两个相同的频繁值缓存，用于存放经过总线传输的频繁值。频繁值缓存采用线性列表的方式存放，其中每个值都有唯一的索引。每一次总线传输前，都要搜索频繁值缓存以确定传输值是否是频繁值。如果该值是频繁值，将依据值的存放位置生成一个编码值在总线上传输；若不是频繁值则在总线上传输原值。为使接收端正确解码接收到数据，需要增加一位指示信号线，指示发送的值是否经过编码。接收端可利用指示线和本地的频繁值缓存获取原值完成解码。频繁值缓存只能存放少量的频繁值，当其存满后，Zhang 等人采用了 LRU (Least Recently Used) 替换策略，替换旧值，保持频繁值缓存中始终存放最新发现的 *m* 个值，*m* 为频繁值缓存的容量。当传输值中频繁值的比例较大时，FVE 编码利用编码值的较小变换数，减少了总线上的电容量使总线能耗降低。但 FVE 编码还存在如下不足：(a) 程序运行期间，系统实时检测频繁值，影响系统性能；(b) 当应用于片上总线能耗优化时，引入的实时检测硬件复杂度较高。本章设计的基于局部频繁值的双模式总线节能方法，利用统计分析模式代替对频繁值的实时检测，减少在线检测硬件；利用局部频繁值代替实时变化的频繁值可提升系统性能，避免上述不足。

(2) 总线翻转码编码

在总线节能编码技术中，最著名的一个是由 Stan 等人提出的总线翻转码 (BI)，它主要利用数据的空间局部性来降低总线能耗。BI 编码需要附加一位翻转指示线，指示数据位是否进行了翻转。当有超过半数的数据位同时需要翻转时，在传输数据值时就传输它的翻转码(反码)，并用指示位指示，否则发送原值。BI 编码可有效减少总线上数据的变换数，减少自身电容量，从而降低总线能耗。但 BI 编码也存在两个不足：(a) 指示线引入能耗，抵消部分节能收益；(b) 连续数据间的海明距离是按二项式分布的，随着总线宽度的变大，海明距离的分布将更集中于总线宽度的一半，此时 BI 编码的效率随着总线宽度的增加而降低。本章为达到总线节能最大化目标，在结合使用 BI 编码时，利用"时分复用技术"缩减了其指示线，减少能耗开销。

三、研究动机

频繁值编码(FVE)动态改变频繁值集合，利用了总线上数据值的短期时间局部性，减少总线上的位变换，以降低总线能耗。该方法优化片外总线能耗时，可取得较好的节能效果。但是当使用 FVE 方法优化片上总线能耗时还存在以下问题：

(1) 片上面积受限，不适合增加过多的硬件来实时检测总线传输值。

(2) 实时检测传输值，并实时更新频繁值缓存，会增加应用程序的执行时间。

(3)若整个应用程序运行中总线上的频繁值相对固定，采用实时检测会造成额外的性能损失和能耗代价。

(4)如果频繁值缓存存放固定的频繁值，由于片上面积受限，只能增加小容量的频繁值缓存，这将降低传输值在频繁值缓存中的命中率，降低总线节能效果。

实验中可观察到在嵌入式多核系统上运行的程序，经过总线传输的数据值具有很高的局部性。片上总线的数据主要来自核与缓存和不同缓存层次之间的数据交换。由于总线两端的组件均可收发数据进行数据传输，在此把经过总线传输的数据值称为传输值，把出现频率很高的传输值称为频繁值(FV)。通过实验对几个测试程序运行过程中的行为进行了统计分析，发现有一些值在片上数据交换中出现的频率较高。图 4.1 展示了测试程序运行中频繁值的覆盖率，其中 k 表示频繁值的个数。由图 4.1 可知，平均情况下仅仅出现频率最高的前 4 个值，就可覆盖所有传输值的 25.3% 。Yang 等人观察到在存放数据值的内存单元中，也存在较强空间局部性。在他们研究的 benchmark 中，程序运行时仅仅 8 个频繁值就占有 48% 的内存单元。这也说明了，在经过存储层次不同点(CPU 和第一级缓存之间，缓存层次之间，末级缓存和内存之间)的数据流中发现频繁值是值得研究和关注的。

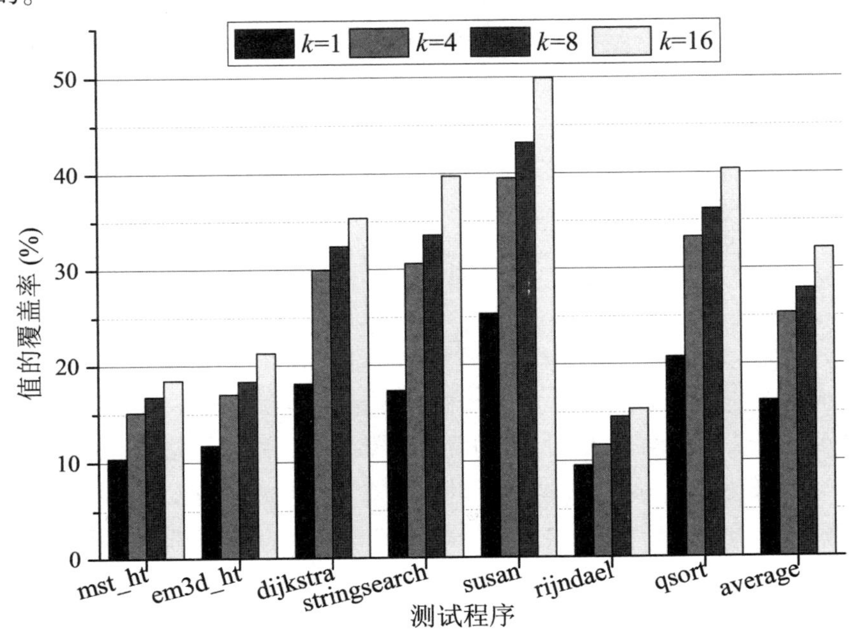

图 4.1　程序运行过程中频繁值的覆盖率

为考察总线上传输值出现的频率和分布等特征，我们对测试程序(以 qsort 和 rijndael 为例)进行了进一步的实验，发现频繁值在程序运行中出现的频率和时间段紧密相关，并且在整个程序运行中频繁值的分布存在差异。图 4.2 展示了程序运行时总线上不同类型的频繁值(前 4 个值)与实时值的重合率。其中，GFV 表示全局频繁值(指整个程序运行过程中出现频率最高的值)，LFV 表示局部频繁值(指在不同的时间段内出现频率最高的值)，横坐标表示程序执行时间的百分比，纵坐标表示与实时值重合的百分比。由图 4.2 可知，在程序运行中，全局频繁值会因程序不同表现出不同的特性，有的周期性变化，如 qsort；有的相对稳定，如 rijndael。但局部频繁值均比较稳定，即局部频繁值与实时值有相对稳定的重合率，并且与全局频繁值相比有较高的实时值重合率。其他测试程序的频繁值也表现出相似的分布特征。

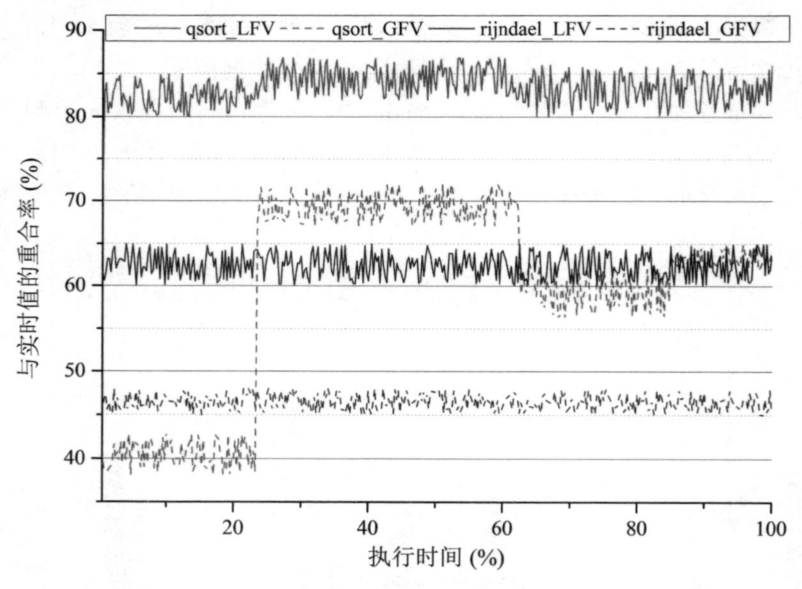

图 4.2　总线上不同频繁值与实时值的重合率

因此，鉴于 FVE 在优化片上总线能耗时的不足和上述不同应用程序表现出的频繁值特征，本章结合结构简单的翻转码提出了一种基于局部频繁值的双模式(Dual-Mode Frequent value Invert，DMFI)总线节能方法。该方法利用总线连接组件间传输值的特征，在片上总线两端分别增加频繁值缓存，频繁值缓存中存放统计分析模式下获得的局部频繁值代替 FVE 中实时变化的值，程序在标准执行模式下正常运行，频繁值缓存中的值将根据统计分析模式提供的信息按时间段更新。这样避免了实时检测带来的性能和硬件开销，减少了片上面积代价和措施本身产生的能耗。同时，无论对于频繁值相对固定的程序，还是频繁值周期性变化的程序，该方法利用较小容量的频繁值缓存均可保证较高的频繁值缓存命中率，有效降低了变换数和总线能耗。

第 2 节　嵌入式多核结构与总线能耗模型

一、具有总线节能措施的嵌入式多核结构

本章采用的基于总线互连的多核结构，如图 4.3 所示。在具有 n 个核的结构中，每个核心拥有第一级私有指令缓存(IL1 Cache)和数据缓存(DL1 Cache)，各个核心共享第二级缓存(L2 Cache)，且缓存为包含式缓存。采用总线连接 L1 Cache 和 L2 Cache，总线被不同核的 L1 Cache 交替使用，从而达到访问共享 L2 Cache 的目的。为避免 storage 冲突，L2 Cache 按 bank 进行了划分。每个核都能和任意 L2 bank 进行数据交换。当有不同核需要同时访问同一个 L2 bank 时会产生 bank 冲突，这时需要有相应的仲裁机制来保证数据的完整性和一致性。由于总线使用的独占性，总线控制器采用 TDMA(Time Division Multiple Address)调度协议，调度多个处理核对总线的访问请求。

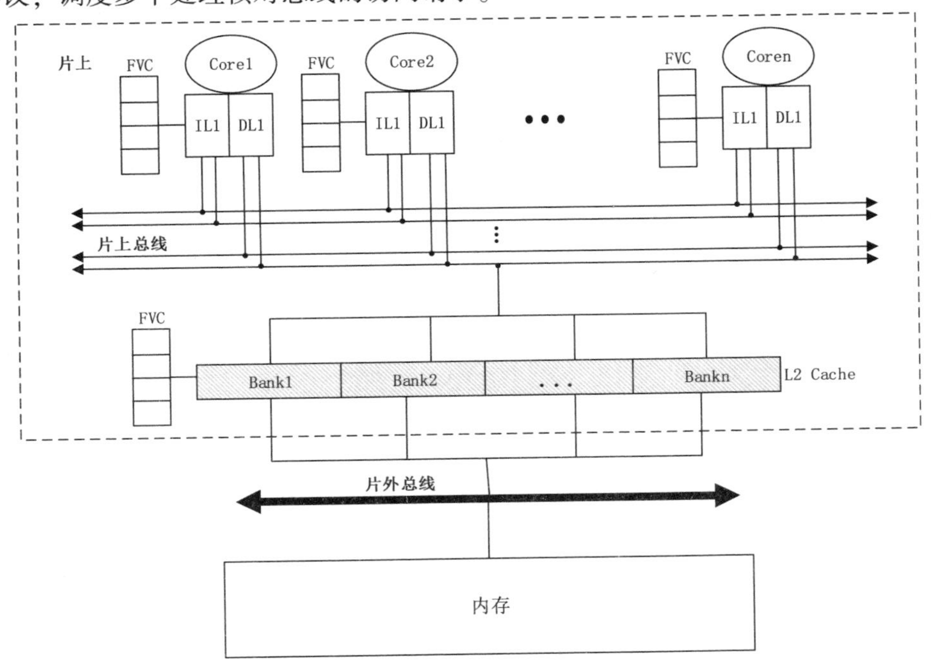

图 4.3　附带节能模块的嵌入式多核结构

二、Cache 数据一致性协议扩展

在多核结构中需要一套完整的协议来维护 Cache 数据的一致性。MSI 协议及其扩展版本 MESI、MOSI 协议，在维护缓存数据一致性方面已得到广泛应用。在不损失正确性的前提下，本章把基础 MSI 协议扩展为基于目录的 MSI 协议。目录用来存储内存中每个共享数据块的相关信息，每个共享数据块对应一个目录项，目录项中保存了共享数据块的状态信息及指向该数据块的所有远程内核 Cache 的地址信息。当 Cache 需要读写一个块的信息时，需要向主存发出请求，主存接到读写请求后，将其内核所需内容发送给 Cache，并在目录中记录该内核 Cache 的地址；当 Cache 需要将某个数据块置无效操作时，除了在 Cache 中将其置为无效外，还应发消息告知内存修改其目录信息；当数据块的目录信息被修改时，内存需要根据目录中的信息对具有其副本的 Cache 行进行广播，告知其信息已经更改，将这个副本设置成无效。

当缓存行数据有效，与 L2 Cache 中的数据一致时，至少一个 L1 Cache 保存了此缓存行的副本，且缓存行没有被修改时的状态为共享态(S，Shared)；当数据被修改后，与 L2 Cache 中的数据不一致，数据只存在于本 L1 Cache 中时为已修改态(M，Modified)；当一个处理器对某个数据进行了写操作，则本 L1 Cache 中的被写数据处于已修改态，其他的数据副本处于无效态(I，Invalid)。系统采用写回策略，当一个处于已修改态的数据块，被替换出 Cache 时，要通知存有此数据块副本的所有缓存。针对每个事件和每种 Cache 的运行状态，图 4.4 显示了基于目录 MSI 协议的 Cache 行下一个状态以及新产生的事件。箭头指示从旧状态到新状态的转换过程，旁边的标注表示新产生事件和驱动事件，以“/”分割。对本地事件和远程事件进行了区分，其中，GetS 表示远程读，GetX 表示远程写，PutX 表示写回。

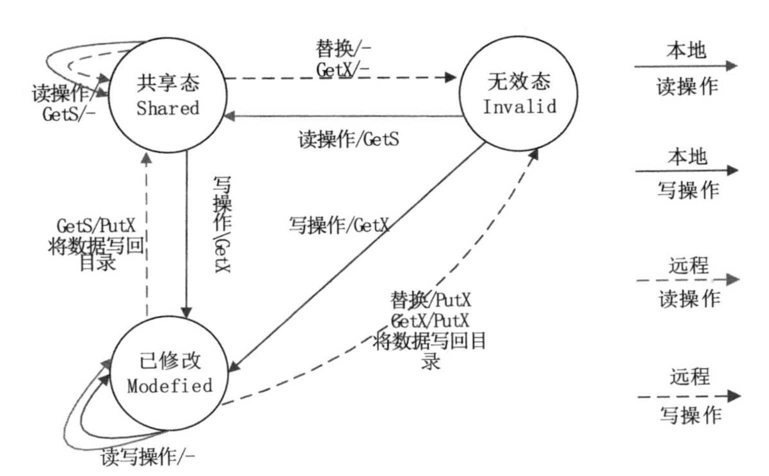

图 4.4　基于目录的 MSI 一致性协议

三、总线能耗模型

片上数据总线的动态能耗，主要来源于传输 0 和 1 时，高低电平转换引起的位线上电容的充放电。当然还有其他因素也直接或间接影响着片上数据总线的能耗，本章主要研究不受耦合电容影响的片上数据总线节能机制的设计问题，通过优化数据值的传输，实现数据总线的能耗优化。为简化建模复杂性，在此忽略其他因素引起的能量损失。根据第 2 章公式(2.5)，令 $\lambda=0$，得到本章计算数据总线能耗公式(4.1)。

$$E=V_{\mathrm{DD}}^{2}\cdot C_{\mathrm{L}}\cdot\sum_{i=1}^{n}\mathrm{SW}_{i}\qquad(4.1)$$

其中 E 表示片上总线能耗，V_{DD} 表示供电电压，C_{L} 表示传输位线上的对地电容，SW_i 表示位线 i 上的变换数，即位线 i 上本次传输与上次传输相比形成的海明距离，n 表示被激活的位线条数，为节省能耗，未被使用的位线将被置高阻态(几乎没有能量损失的状态)。

FVC 和控制线路引入的能耗，在评估片上总线节能效果时，已被考虑在内。这样当总线上的频繁值具有较高覆盖率时，即使较小的 FVC 尺寸，也可有效减少总线上的数据通信量，减少链路上被激活的位线数量；结合改进的 BI 编码，可进一步减少总线上的变换数，从而使片上总线能耗得到有效降低。

第 3 节　DMFI 总线节能方法的设计与实现

一、DMFI 概述

在具有多层次缓存的嵌入式多核结构中，核与缓存之间、缓存各层次之间存在着大量的数据交换，也正是这些数据交换引起了总线位线上高低电平的转换，导致电容充放电形成大量的片上总线能耗。为实现总线能耗优化，利用传输值的局部性特征，在片上总线各连接端引入一种小尺寸缓存，称为频繁值缓存（Frequent Value Cache，FVC）。利用 FVC 减少经过片上总线的数据量和激活的位线条数，从而减少链路上的位变换，实现总线节能。带有 FVC 模块的多核结构如图 4.3 所示，每个处理器核的 L1 Cache 和共享的 L2 Cache 分别增加 1 个 FVC 模块，在具有 n 个处理核的多核结构中，增加 $n+1$ 个 FVC 模块，其中每个核的 L1 Cache 端 1 个，共享的 L2 Cache 端 1 个(片上具有两级缓存)，每个 FVC 模块包含 FVC 和 BI 编码组件及控制电路。

DMFI 方法包括两种运行模式：统计分析模式和标准执行模式。程序首先在统计分析模式下运行，根据程序运行时间和值的变化周期，确定并获取局部频繁值和 FVC 更新时间点。待两者确定后，程序在标准执行模式下运行，采用定时器控制 FVC 中值的更新。需要注意的是，对于同一组应用程序，统计分析模式只需要执行一次，减少了在线检测带来的延迟和能耗开销。每个 FVC 中预存的值为统计分析模式下第一个时间段的局部频繁值。下面论述 DMFI 节能方法的设计和工作原理。

二、FVC 设计

FVC 是 DMFI 方法的核心部件，设计 FVC 需要解决好以下 5 个问题：

(1)值的选取；FVC 中存放什么样的值，将会影响到引入的硬件复杂度和 DMFI 方法的节能效果。

(2)值的个数；FVC 中存放多少个值，也就是 FVC 的条目数，决定了 FVC 的尺寸，它的选择既要保证节能效果又要考虑引入的面积代价。

(3)值的存放方式；FVC 中的值以何种方式存放，可影响到总线上的传输数据量。例如，当收发数据双方不知对方 FVC 以何种方式存放时，需要额外的数据交换通知对方，将增加总线上的数据量。

(4)值的获取方式；在统计分析模式下如何得到 FVC 中存放的局部频繁值。

(5) FVC 结构；FVC 电路如何设计。

上述 5 个问题是 FVC 设计的关键，直接影响到 DMFI 方法的节能效果和引入的硬件代价。下面给出解决方案。

(1) FVC 中值的选取

一方面，在本章第 1 节中，已经论述过实时检测总线上的传输值，以及在 FVC 中存放动态变化的值有明显不足，特别对于面积受限的片上总线更是如此，为了减小引入的代价动态变化的频繁值不可取。另一方面，通过实验观察到程序运行过程中，总线上的频繁值有明显的特征：有的基本稳定保持不变，有的成周期性变化。基于以上两点，确定 FVC 中选择存放局部频繁值。这样选择的优点是：可减少实时检测传输值带来的性能代价和能耗开销；与固定频繁值相比可提高 FVC 的命中率，提升总线节能效果。通过实验对比了当 FVC 中存放实时传输值(RFV)、全局频繁值(GFV)和局部频繁值(LFV)时引入的延迟和能耗开销，以及各自的 FVC 命中率和节能效果。图 4.5、图 4.6、图 4.7 和图 4.8 分别给出了 FVC 中存放 4 个 FV 时，不同 FV 引入的延迟比例和能耗开销占比，以及 FVC 的命中率和降低的总线能耗比例，最后一列为平均情况。

由这些图可知，当 FVC 中存放实时传输值时虽然命中率最高，但延迟和能耗开销也最大，对性能和总线能耗影响最大。当 FVC 中存放固定的全局频繁值时，延迟和能耗开销最小，命中率和节能效果最差。而当 FVC 中存放局部频繁值时，虽然延迟和开销比全局频繁值略大，但命中率较高和节能效果较好。虽然存放 LFV 最终获得的平均节能效果比 GFV 稍低，但结合对系统性能的影响综合评价，选择在 FVC 中存放 LFV 是最合适的。

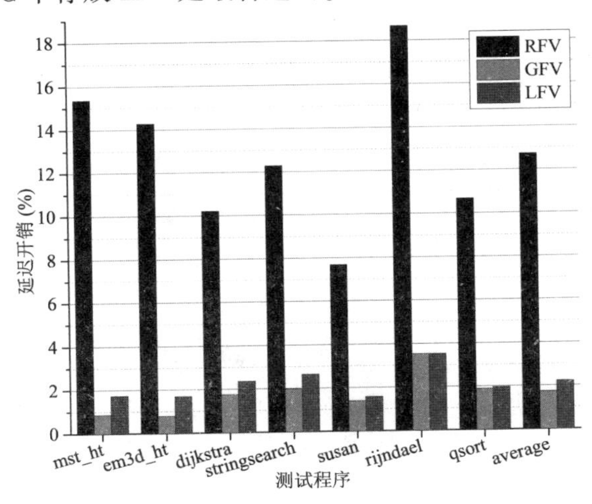

图 4.5　不同传输值造成的延迟对比

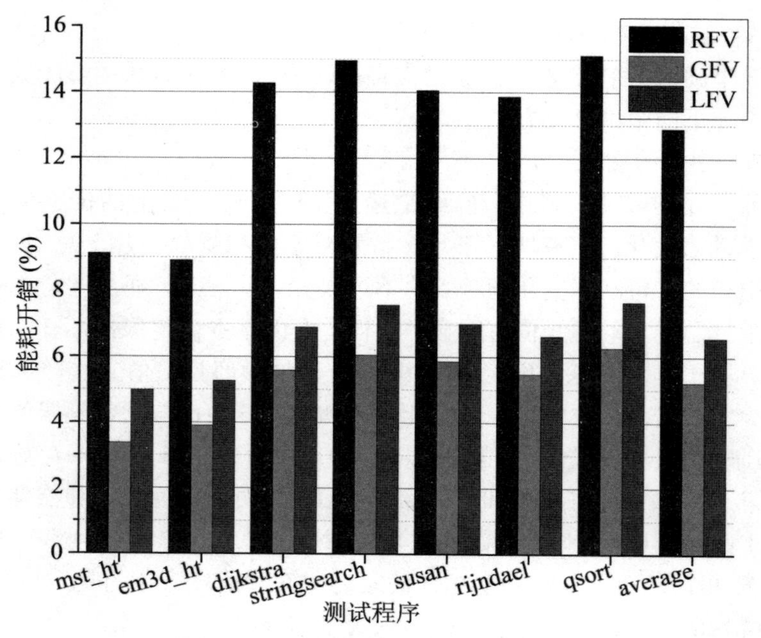

图 4.6 不同传输值引入的能耗开销对比

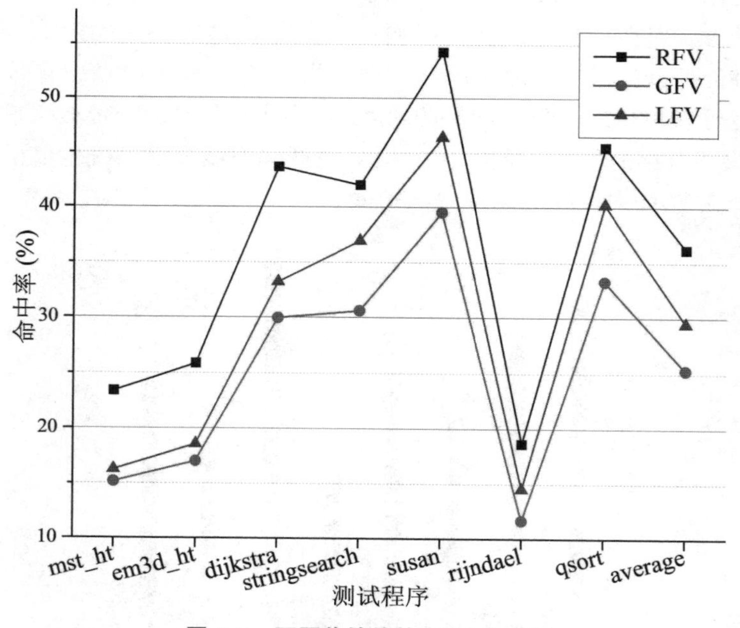

图 4.7 不同传输值的 FVC 命中率

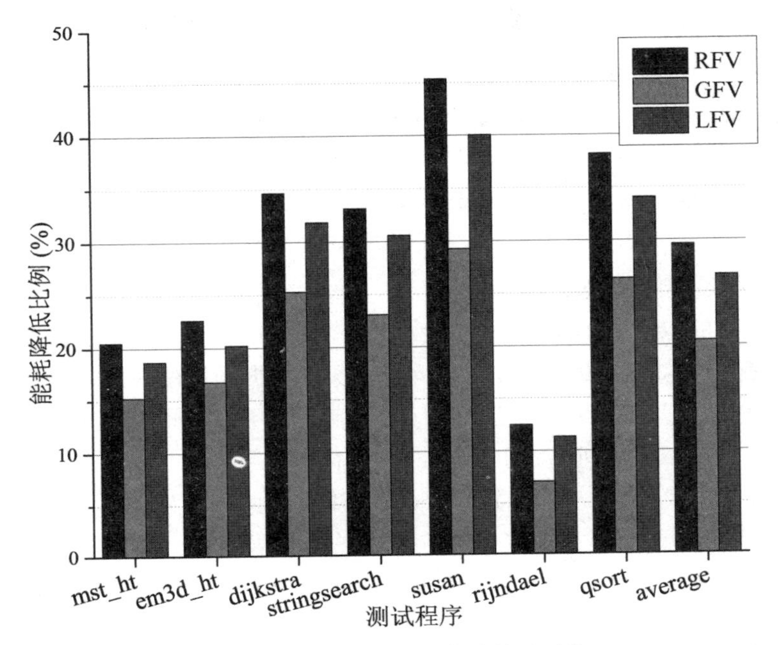

图 4.8　不同传输值的节能效果对比

(2) FVC 中存放值的个数

考虑二进制电路结构特点，为了便于电路实现，不引入额外组件，FVC 中值的个数 m，首先应该满足 $m=2^n$（n 为整数），那么 m 可以取集合{1，2，4，8，16，…}中的值。如果 m 的值太小，如 1 或 2，FVC 自身的能耗开销大于其节能收益，所以 1 或 2 不可取；如果 m 的值太大，如大于 8，FVC 自身的面积代价太高同样不可取。在此重点考察 $m=\{4, 8\}$ 的情况，通过实验对 m 取 4 或 8 时的节能效果进行了比较，结果见图 4.17 所示，最终选择 $m=4$。选择的原因如下：

(a) 当 $m=4$ 时，对频繁值的平均覆盖率超过 25%，可满足频繁值高覆盖率的特征。

(b) FVC 采用内容地址结构，决定了 FVC 的容量不宜太大，即存放内容受限，如果条目较多，会增加每次发送和接收数据值的搜索时间。

(c) 存放较多条目也会导致索引位数增多，激活的总线位线数增多，将增加链路上的位变换，增加自身耗能，这对降低片上总线能耗和系统能耗是不利的。

(d) 当 m 为 8 或 16 时的节能效果并不比 $m=4$ 时有较大提升，甚至反而更低。

基于上述原因取 $m=4$，即每个 FVC 中存放 4 个频繁值。

(3) FVC 中值的存放方式

在确定了 FVC 中存放值的内容和值的个数后，另一个需要确定的是每个 FVC 中各值的存放方式。设定每个 FVC 中存放值的顺序和位置索引均相同，采用镜像式结构，并且同步更新，始终保持一致。这样做的目的是：减少额外的开销，如果各个 FVC 中存放值的顺序不同，为保证接收端正确解码，将需要附加控制线路或额外的数据交换来保持数据一致性，这都将对总线节能收益造成损失。

(4)局部频繁值的获取

本章提出的双模式节能方法的两种工作模式是指：统计分析模式和标准执行模式。前者在预执行阶段开启且只需运行一次，根据预设的时间段，统计各段的局部频繁值，并记录；后者是正常执行时开启，利用各时间段的局部频繁值进行能耗优化，并按相应时间段同步更新 FVC 的内容。

在统计分析模式下，获取局部频繁值的流程如图 4.9 所示，其中 TNFV(Top *N* Frequent Value)表是指存放前 *N* 个频繁值的数据表。在分析数据获取局部频繁值过程中，由于存放频繁值的空间有限，当先到的值已充满空间时，需要相应的替换策略把潜在的非频繁值替换出去，同时确保潜在的频繁值被保留。在统计替换过程中没有选用 LRU 替换策略，因为替换最近最少使用的值，没有同时考虑值出现的次数和时间。在确定前 *N* 个频繁值时，需要同时兼顾出现的次数和时间点，据此设计了 ELFU(Early Least Frequently Used)替换策略和定期清理的方法，统计获取前 *N* 个局部频繁值。ELFU 最早最少使用策略是指：当 TNFV 表已存放有 *N* 条记录时，新到来的值与前 *N* 个值都不相同，就选择最早最少出现的值替换出 TNFV 表。也就是说当有不止一个值在表中只出现一次时，替换掉进入 TNFV 表更早的值。然而，当 TNFV 表中的值都出现一次以上时，仅使用 ELFU 策略可能会使有些频繁值不能进入到 TNFV 表中。例如，对于序列{XYXYXYXY……}，当 TNFV 中已经存放有 *N* 条记录，每个值出现次数都大于 1，且 X，Y 均不在表中。此时，如果只使用 ELFU 策略，X 与 Y 要进入表中，就会进行相互替换而出现次数无法增加，如果这个序列很长就会影响频繁值的统计结果。为此，另外采用定期清理的方式为后来的潜在频繁值预留空间。设定清理间隔 CL，对 TNFV 表按出现频次排序，每到达清理间隔就清理处于 TNFV 表后一半(次频繁区)的记录。这里清理间隔取决于排序后 TNFV 表的中间记录值出现的频次 MF，中间记录值以上的频次都大于 MF，中间记录值以下的记录都小于 MF。设定 CL =2MF 且最小为 500，这么做的目的是确保后来的潜在频繁值，有足够的时间进入 TNFV 表的上半区得以保留，否则后来的新值将没机会进入表的上半区而被清理掉，造成统计失误。

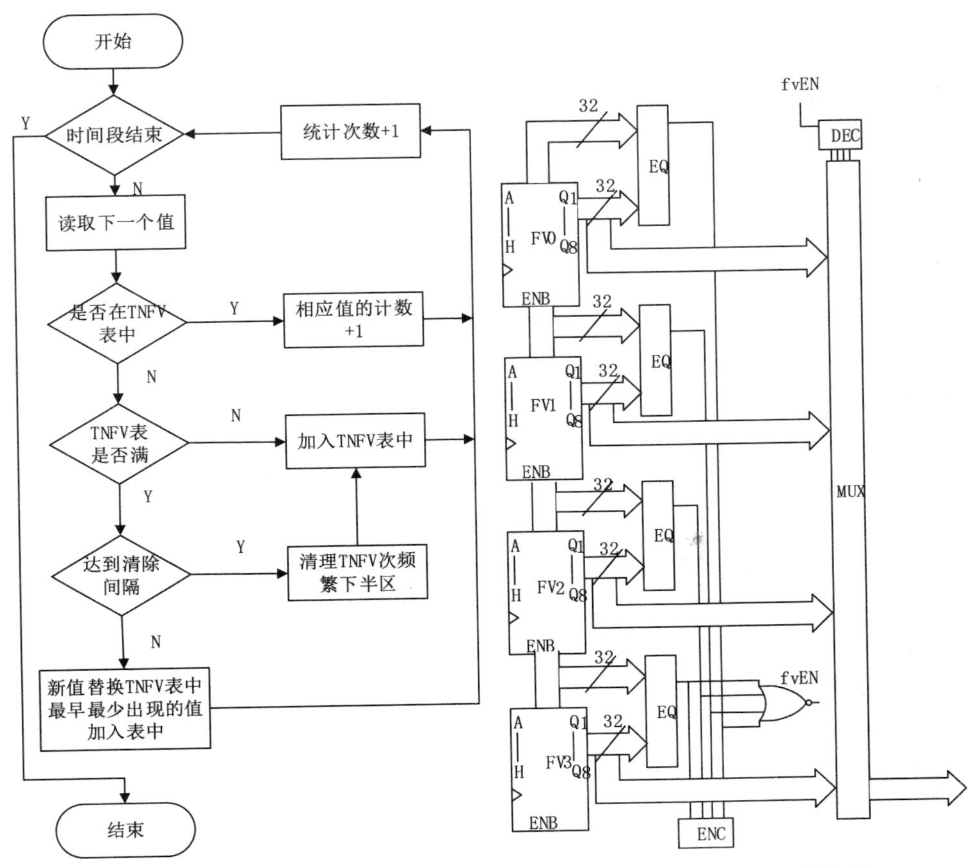

图 4.9　获取局部频繁值的流程　　　　**图 4.10　FVC 结构图**

由于程序运行期间，频繁值覆盖率较高且要么保持稳定，要么呈现周期性变化，所以获取局部 FV 时划分的时间段数较少，局部频繁值个数较少。在分析统计阶段结束后，获得的局部频繁值被存放在统计分析表(TNFV 表)中，每行包含 2 个字段，值和所在时间段(更新时间点)，以时间段开始时间为索引，存放统计中获取到的该时间段的局部 FV。标准执行模式下，需要一个同步时钟配合 FVC 工作，时钟负责记录时间段开始时刻即更新 FVC 的时刻。

(5)FVC 的结构

FVC 结构电路如图 4.10 所示。fvEN 为指示信号，用于指示在总线上传送的是 FVC 中的索引还原值。FV_i 为 32 位寄存器，用于存放 FVC 中的第 i 条记录。FVC 采用内容地址结构，便于收发两端快速搜索 FVC。

三、FVC 工作原理

在采用基于目录的 MSI 协议保证缓存数据的一致性时，目录中存放数据块的当前状态和拥有该数据块副本的处理核信息。当访问 L1 缺失时，首先向存有目录的 L2 发送请求数据的消息，L2 查询目录找到存有该数据的位置，根据就近原则通知拥有该数据的 L1 或 L2 给需要数据的 L1 发送数据副本，并根据一致性协议更新数据的状态。依据总线独占使用的特点，当有不同的 L1 需要访问 L2 时，总线调度仲裁器根据 TDMA 策略确定访问的顺序。

在经过前面的一系列步骤，确定传输数据发生在 L1—L1 之间时，发送端首先快速搜索待发送的数据值是否在本端 L1 的 FVC 中。若 FVC 命中(在发送端 FVC 中找到该值)，则用其在 FVC 中的索引(位置编号)代替原值在总线上传送，同时置没有传输数据的位线为高阻态以减少能耗，并置位指示线，提示接收端在链路上传输的是数据值在 FVC 中的索引。这里指示线是配合 FVC 而增加的控制位线，用于指示发送的数据值是否为 FV。若 FVC 没有命中(在发送端 FVC 中没有找到待发送的值)则不作任何替换发送原值，不置位指示线。接收端 L1 在接收数据时，根据指示线信号决定对接收数据值的处理。当指示线置位时，接收端 L1 根据接收值的索引在本端 FVC 中提取原值进行处理。当指示线未被置位时，确定接收到的是数据值本身，接收端 L1 对值直接处理。至此完成了一次 L1—L1 之间的数据传输。当传输数据发生在 L1—L2 之间时，FVC 的工作原理与 L1—L1 相同。

传输数据值前搜索 FVC 时，采用流水线的形式，对于发送的数据块采用边搜索边发送，即当在 FVC 中搜索第二个数据值时，第一个数据值已经在总线上传输。如果对整个数据块搜索完再一起发送，会带来很高的延迟。采用流水线式的搜索发送方式，对于一个待发送的数据块，引入的延迟只发生在发送端第一个值的搜索和接收端最后一个值的搜索上，因此，对于尺寸大的数据块带来的延迟可以忽略。其控制和请求信息不会引入任何额外的负载，因为它们不经过 FVC。在具有 n 个核的嵌入式多核结构中，实现片上总线的节能，需增加 $n+1$ 个 FVC 模块(每核 L1 端 1 个、L2 端 1 个)，工作原理与前述相同。

四、DMFI 节能设计

为进一步降低变换数，本章提出的基于局部频繁值的 DMFI 方法，是在频繁值编码之后串联了 BI 编码，从而可有效降低总线能耗，其编码电路如图 4.11 所示。由于 FVC 和 BI 编码都需要一条指示信号线，如果不进行处理将需要两条指示信号线。为了使引入的负载最小化，对指示信号线进行了优化处理。利用“时分复用”技术，只使用一条指示信号线 hit 指示两种编码，工作原理为：编码过程中利用时钟的上升沿选择 BI 翻转指示信号 i，下降沿指示频繁值是否匹配信号 match；而在解码部分，利用 3 个 D 触发器把一条指示信号线恢复为两条，其中对于指示信号 i 的恢复，关键在于利用一个下降沿触发的 D 触发器和一个上升沿触发的 D 触发器(见图 4. 12)，确保用一个周期恢复信号，而不影响时序功能，其时序如图 4. 13 所示。并且这样设计的优势是 FVC 编码和 BI 编码共用一套寄存器和异或门，因此相比 FVC 编码增加的代价较小。

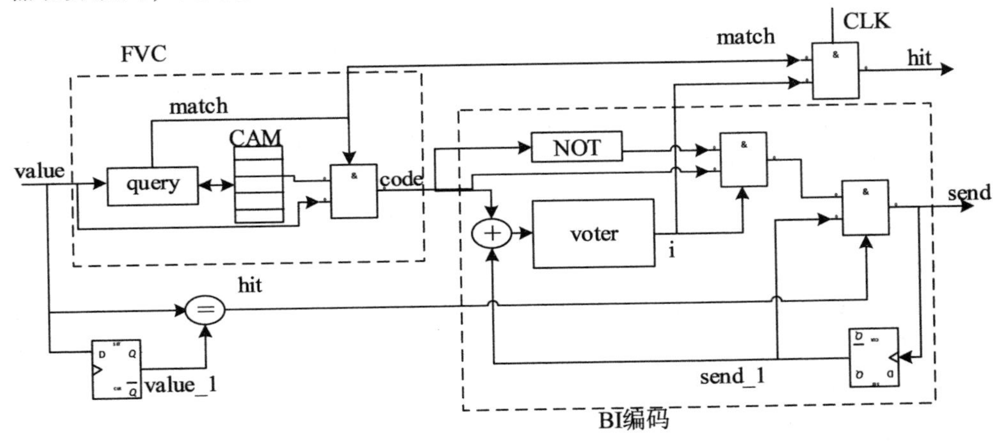

图 4. 11　DMFI 编码电路

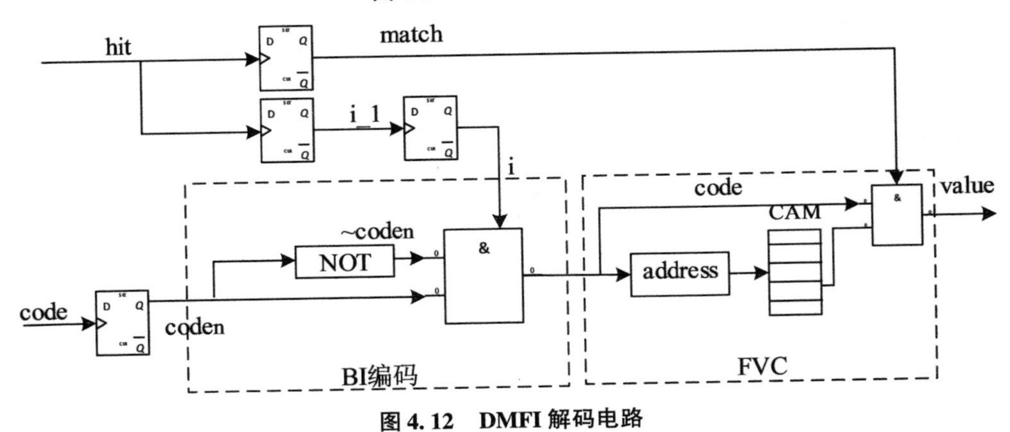

图 4. 12　DMFI 解码电路

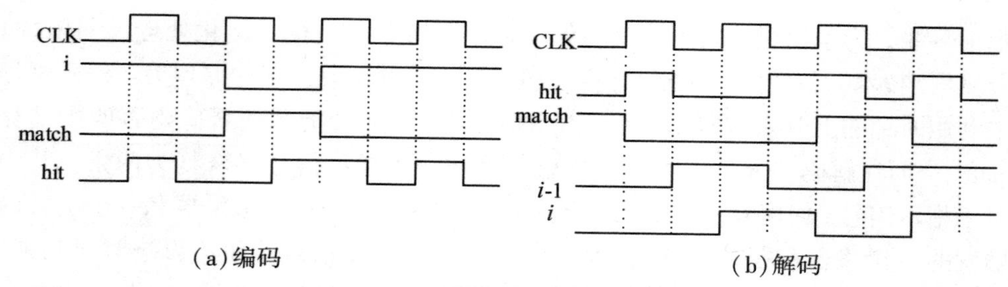

图 4.13　hit 信号编解码电路波形图

DMFI 编解码方法及标准执行模式下的工作过程，可分别用算法 4.1 和算法 4.2 来表示。其中，第 k 次传输的编码值记为：$D^{k(\mathrm{ENC})}$；第 $k+1$ 次将传输的数据值记为：D^{k+1}，其反码记为：$\bar{D}^{k+1}$；$D^{k(\mathrm{ENC})}$ 和D^{k+1} 之间的海明距离记为：H_d^{k+1}；总线宽度记为：w。

算法 4.1：DMFI 编码算法

输入：第 k 次编码值 $D^{k(\mathrm{ENC})}$，第 k+1 次传输值 D^{k+1}；

输出：第 k+1 次编码值 $D^{k+1(\mathrm{ENC})}$，频繁值指示位 match，翻转码指示位 inv.

1. Control Signal match←0;
2. Control Signal inv←0;
3. FOR each data value DO
4. 　Search for D^{k+1} in FVC
5. IF match= =1 THEN
6. 　　$D^{k+1(\mathrm{ENC})}$←The index of D^{k+1} in FVC;
7. 　　Control Signal match←1;
8. 　ELSE
9. 　　Control Signal match←0;
10. 　Compute H_d^{k+1}←Ham($D^{k(\mathrm{ENC})}$, D^{k+1}); //计算海明距离
11. 　　　IF H_d^{k+1}<=w/2 THEN
12. 　　　　$D^{k+1(\mathrm{ENC})}$←D^{k+1};
13. 　　　　Control Signal inv←0;
14. 　　　ELSE
15. 　　　　$D^{k+1(\mathrm{ENC})}$←$\overline{D^{k+1}}$;
16. 　　　　Control Signal inv←1;
17. END IF

```
18.         END IF
19. END FOR
20. RETURN  D^{k+1(ENC)}, match, inv;
```

算法 4.2：DMFI 解码算法

输入：第 k 次编码值 $D^{k(ENC)}$，频繁值指示位 match，翻转码指示位 inv；

输出：第 k 次传输值 D^k.

```
1. FOR each data bus value DO
2.    IF match==1 THEN
3.       Search for D^{k(ENC)} in FVC
4.       D^k ← The hit value with the index of D^{k(ENC)} in FVC;
5.  ELSE
6.       IF inv ==1 THEN
7.          D^k ← ‾D^{k(ENC)}‾ ;
8.       ELSE
9.          D^k ← D^{k(ENC)} ;
10. END IF
11.    END IF
15. END FOR
16. RETURN  D^k;
```

第 4 节　实验及结果分析

一、实验环境及测试程序

为验证 DMFI 方法的有效性，采用如下指标进行评估：FVC 命中率、总线上的数据通信量、总线上的变换数、节能效果及节能方法对重要运行环境参数的敏感性等。实验中对比的不同的措施如下：ORG 表示不采取优化措施的原始情况；BI 表示只采用翻转码；F4 表示只采用频繁值缓存且存放 4 个值即 $m=4$；F8 表示只采用频繁值缓存且 $m=8$；DMFI4 表示采用 DMFI 方法且 $m=4$；DMFI8 表示采用 DMFI 方法且 $m=8$。在对各个度量指标进行评估时，由各方法引入的额外控制位影响都已被包含在评估结果中。

基于本章第 2 节的多核架构，利用课题组自主开发的 Archimulator 模拟器对

DMFI 节能方法，进行了模拟实验，并使用 Cadence 和 HSPICE 评测了引入的代价开销。总线能耗采用本章第 2 节的总线能耗模型，按公式(4.1)计算。初始参数如表 4.1 所示，FVC 的每次访问能耗，根据相关文献确定值为 18.6pJ，为验证节能效果的敏感性，实验中对部分参数进行了调整。

实验中选用了 Mibench 和 Olden 性能评测程序集中的 7 个测试程序。所有程序用 GCC 交叉编译为 MIPSII 可执行文件。为了减少程序设计时代码优化程度对应用性能的影响，使程序运行时尽量达到峰值，设置 GCC 优化选项为实现最佳优化的-O3 选项。

表 4.1 初始参数

参数	值	参数	值
时钟频率	500MHz	L2 相连度	16 路
供电电压 V_{DD}	1.8V	L2 bank 数	4
对地电容 C_L	5pF	缓存行大小	64B
核数	4	FVC	4 项，全相连
IL1、DL1 大小	32kB	FVC 每次访问能耗	18.6pJ
L1 相连度	4 路	总线链路宽度	32+1
L2 大小	1MB		

二、节能方法对 FVC 命中率的影响分析

FVC 命中率是指片上总线传输的数据值中，在 FVC 中命中的数据值占所有传输数据值的百分比。由此可知 FVC 中存放值的条目 m 的大小，直接决定着 FVC 的命中率，需要注意的是增大 m 可提高命中率，但 FVC 条目的增加也会带来负面作用。由于在优化片上总线能耗的同时还要保证系统性能，这两个互斥的指标决定了 FVC 的尺寸不宜太大。一个大尺寸的 FVC 自身的能耗将抵消掉优化措施带来的收益，最终导致系统总能耗的增加，并且大尺寸的 FVC 会增加搜索时间降低系统性能。本章对 m 取不同值{1，4，8，16}时的 FVC 命中率进行了统计，各测试程序及平均命中率如图 4.14 所示。从图 4.14 可以看出，命中率随着 FVC 尺寸的增大而增加，但命中率增加幅度并不大。这也说明了更大的 FVC 尺寸并不能带来命中率的大幅提升。

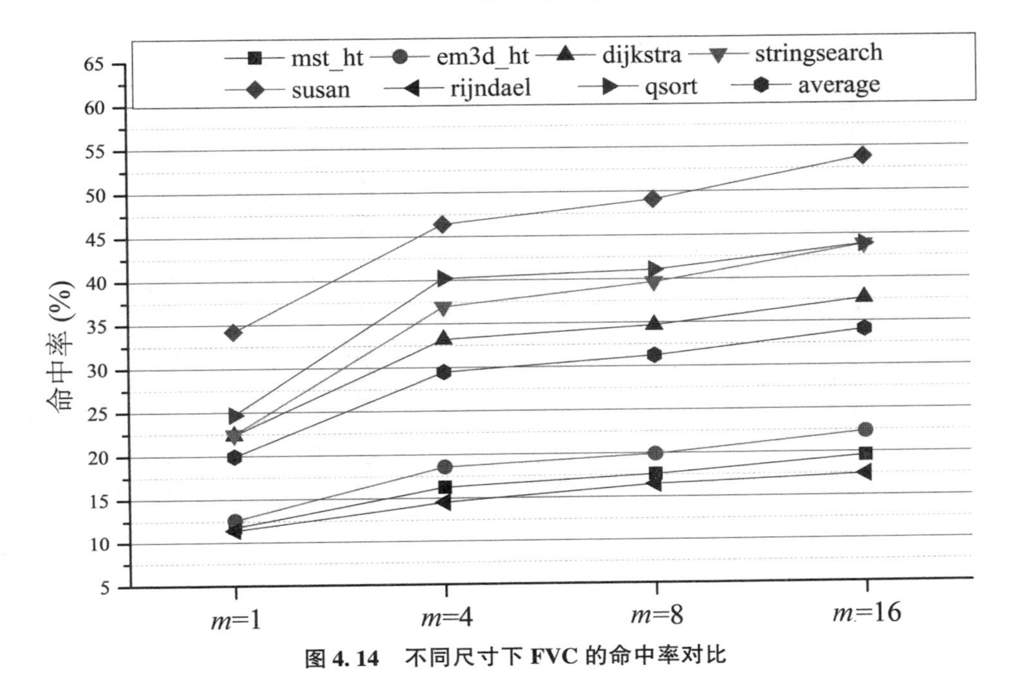

图 4.14 不同尺寸下 FVC 的命中率对比

三、节能方法对总线上通信量的影响分析

通信量是指程序运行中由数据交换引起的在片上总线链路上传输的实际数据位数。它很大程度上依赖 FVC 的命中率。当一个传输值在 FVC 中命中时，只需要传递它在 FVC 中的索引，以 FVC 的尺寸 $m=4$ 为例，原来需要传输 32 位的数据值，FVC 命中后只需要传输 3 位(两位数据值索引和一位指示位)。显然，平均情况下 FVC 的命中率越高，在链路上传输 32 位值的次数就越少，传输索引值的次数就越多。这样可以减少链路上传输的通信量，并且把未用到的互连位线置高阻态，可减少激活位线的数目，实现总线节能。

图 4.15 给出了不同措施下，运行测试程序时的通信量与原始通信量的比值，最后一列为平均值。由图可知，只采用 FVC 可较大幅降低链路通信量，$m=4$ 或 $m=8$ 均可使平均通信量变为原来的 70% 左右。当 $m=8$ 时，通信量减少的更多，这是因为此时的 FVC 命中率更高。只采用翻转码时，由于增加了指示位，使得链路通信量较原始通信量有所增加，如测试程序 rijndael 增加幅度最大，采用 BI 后通信量变为原来的 103.8%。而采用 DMFI 方法后的平均通信量较单独 FVC 方法得到进一步的减少，这是因为改进的 BI 编码，消除了单独采用 BI 增加指示线的影响。同样与 FVC 命中率相关，当 $m=8$ 时 DMFI 取得更小的总线通信量。

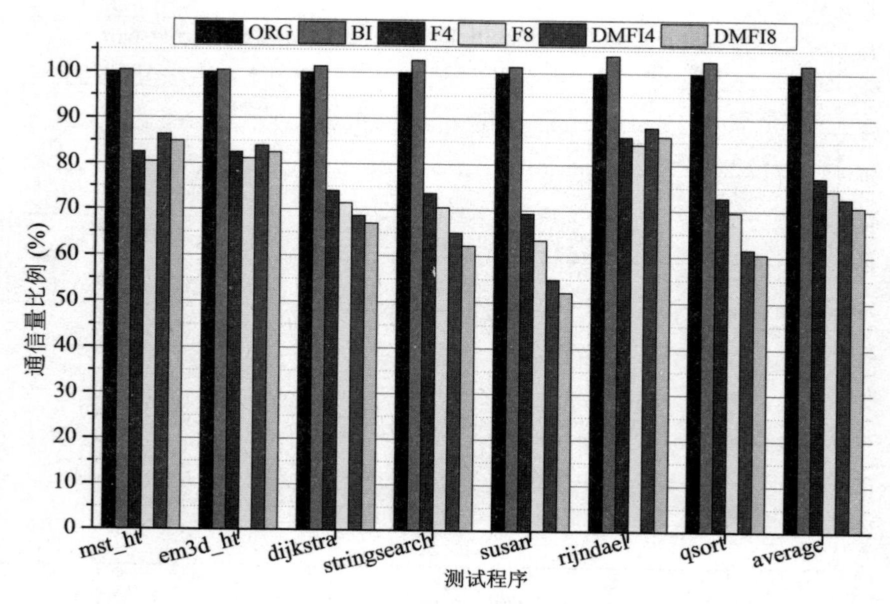

图 4. 15　采用不同措施后的通信量对比

四、节能方法对总线上变换数的影响分析

片上总线的变换数是指总线位线传输 0 和 1 时，高低电平转换引起的充放电次数(可用海明距离表示)，它直接影响片上总线的动态能耗。由公式 4. 1 可知，变换数越小，片上总线的能耗将越低。图 4. 16 给出了采用不同措施后与未采用节能措施时片上总线变换数的比值。从图中数据可以看出，只采用翻转码可使平均变换数降低 12% 左右，单独采用 FVC 存放 4 个频繁值时，可使平均变换数降低约 23%，对各程序的影响大小差别较大，最大可使变换数降低近 31%(susan)，最小可使变换数降低 15%(rijndael)，这和程序运行时传输值的特征相关。当 FVC 的条目增加到 8 时，变换数均得到不同程度的降低，但幅度不大，F8 使平均变换数降低约 26%，并不能进一步大幅降低变换数。当采用 DMFI 方法时比单独采用 FVC 方法进一步减少了变换数，这是因为翻转码编码的使用，促进了变换数的减少。采用 DMFI4 时，最大可使变换数减少 47%（susan)，平均减少 33. 3%。当采用 DMFI8 时，变换数随之减少，但幅度有限，平均情况下仅比 DMFI4 减少 1. 7%。这是因为增加 FVC 的条目会增加索引位数，抵消了由此措施获得的部分收益。

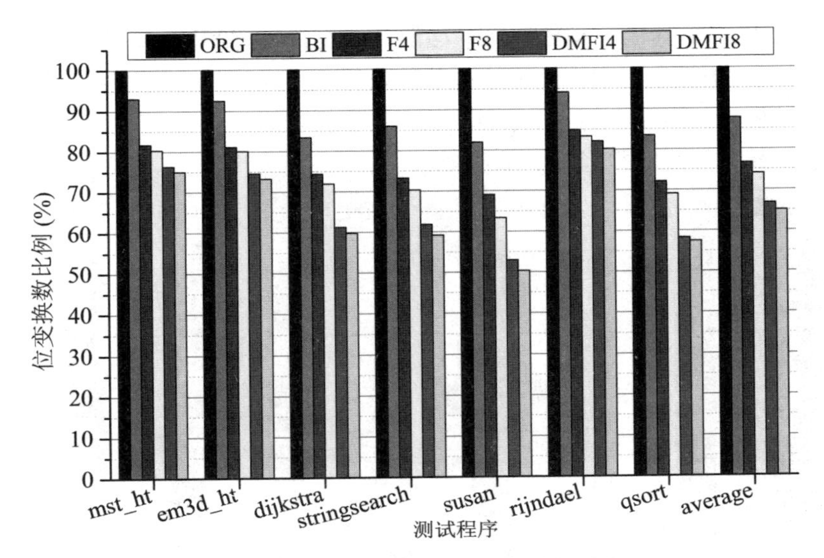

图 4.16　采用不同措施后的变换数对比

五、节能优化效果及敏感性分析

1. 不同措施对节能效果的影响

不同措施下的节能效果，如图 4.17 所示。图中数据为各措施下的总线能耗值与原始情况(不采用任何措施时)下总线能耗值的比值(百分比)。总的能耗值被分为两部分：互连线路能耗(用各自措施表示)和 FVC 及引入的控制负载能耗(用 F&C 表示)，在图 4.17 中分别对应每个柱状图的上下两部分。从图可以看出，同一措施对不同程序的节能效果差别较大，同一程序在不同的措施下节能效果也各有差别。只采用翻转码编码时，可平均降低约 11% 的能耗，引入的负载能耗约占 1.4%，节能效果和引入负载能耗均为所有措施中最低。采用 F4 时可使互连线路的能耗，最大降低约 31%(susan)，平均降低约 23.4%，引入的负载能耗比例为 5.22%。两者综合起来，F4 可平均降低约 18.1% 的总线能耗。当采用 F8 时互连线路的平均能耗降低比例约为 26%，而引入的负载能耗超过 8%。两部分效果综合后，F8 最终可使总线能耗平均降低约 17.8%，不如采用 F4 时的整体节能效果(18.14%)。这是因为增加频繁值缓存条目而增加的索引和容量，造成能耗损失超过了由此获得的能耗收益。

采用 DFMI4 时降低的最大能耗比例约为 40%(susan)，最小比例约为 11.3%(rijndael)，平均降低的能耗比例约为 26.7%；与翻转码(BI)和频繁值编码(FVE)相比，使总线能耗分别降低约 15.9% 和 8.5%。而 DFMI8 虽然使互连线路平均节能约35%，但其引入的负载平均能耗占比超过10%，两者综合后可平均降低约24.8%的能耗，不如DFMI4的节能效果。这是因为FVC中条目越多引入的负载能耗越大，甚至超过了由它们获得的节能收益。因此综合来看DMFI4在引入较小负载下，可获得最优的节能效果。

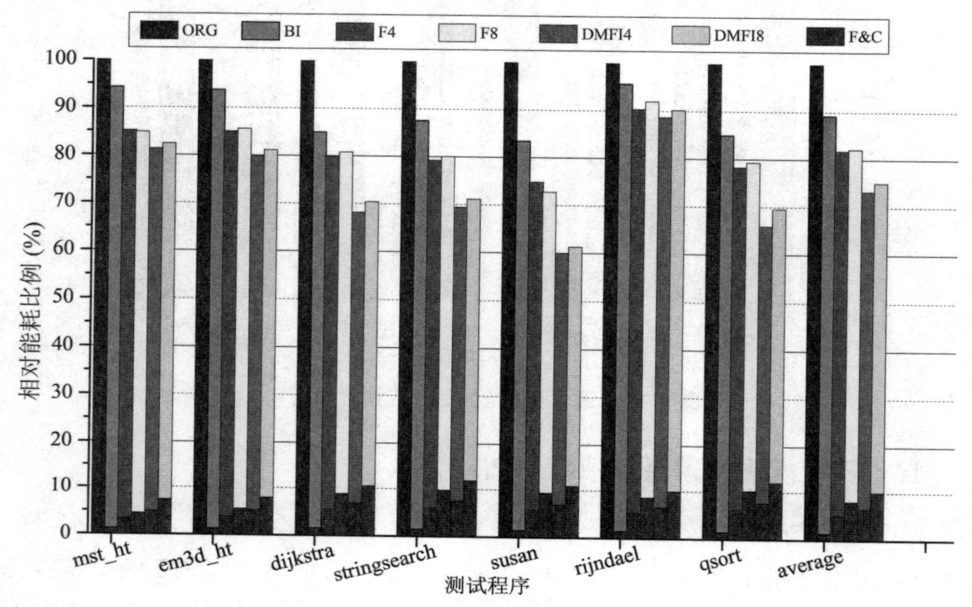

图4.17　采用不同措施后的节能效果对比

2. 节能效果对缓存大小的敏感性

随着技术的进步，L1的尺寸有变大的趋势。针对这一趋势考察了DMFI方法的节能效果对L1尺寸的敏感性。图4.18显示了不同L1尺寸下DMFI4节能方法的平均节能效果，图中柱状数据表示，采用DMFI4措施的能耗值与不采用节能措施能耗值的比值。由图可知，本章节能方法的节能效果对L1缓存大小不敏感，在未来L1尺寸变大后，仍可保持高效。

3. 节能效果对处理器核数的敏感性

随着片上处理器核数的增加(也是未来的发展趋势之一)，总线能耗优化的重要性也将增加。L1-L2间的通信量将最多随处理器核数增加而线性增加，而L1-L1间的通信量将增加的更快(可能成指数增加)，为此考察DMFI方法的节能效果对处理器核数的敏感性。图4.19显示了当处理器核数增加时DMFI4节能方法的平均节能效果，图中柱状数据表示，采用DMFI4措施的能耗值与不采用节能措施能耗值的比值。由图可知，DMFI方法随处理器核数增加节能效果略有提升，表明该方法也可应用到其他具有更多处理器核的片上总线能耗优化中。

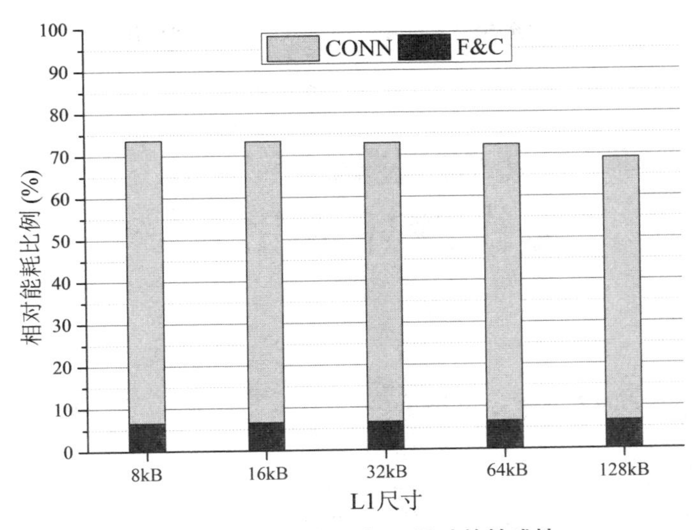

图 4.18　节能效果对 L1 尺寸的敏感性

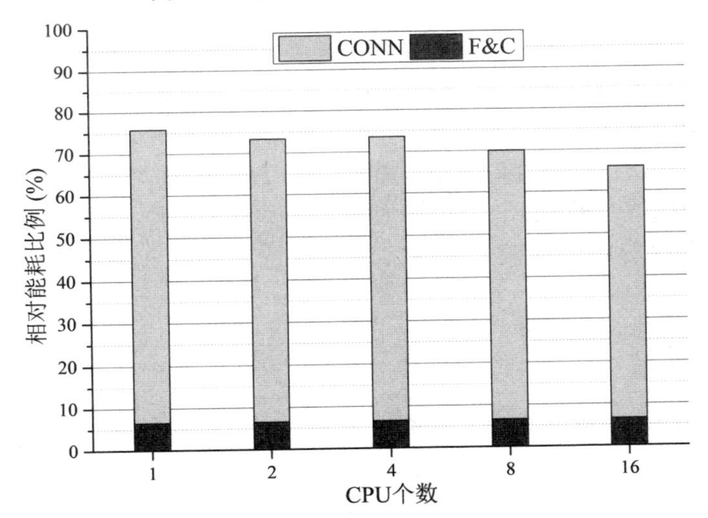

图 4.19　节能效果对处理器核数的敏感性

第5章 支持低延迟高性能的实时总线能耗优化方法

第1节 实时总线能耗优化概述

本章重点研究支持IABA策略的嵌入式多核片上实时数据总线节能机制。嵌入式多核系统上运行的硬实时任务对执行时间有严格要求，为了满足硬实时任务的时间约束，用于连接核和片上共享缓存的实时总线，在性能、时间可预测性等方面具有特殊的要求，这使得普通总线节能技术不能直接应用于片上实时总线。为此，本章针对支持IABA策略的嵌入式多核片上实时数据总线，提出了一种低延迟宽位线间距的四值总线节能方法。该方法通过优化用于共享缓存划分的两层映射关系，减小访存冲突延迟上限，提升任务可调度性，确保硬实时任务顺利执行；同时利用四值逻辑电路，在不增加片上面积的情况下，增大位线间距，减少总线上的耦合电容和变换数，从而实现了支持低延迟高性能的实时总线能耗优化。

一、引言

随着物联网、智慧城市、深空探测等科技规划的相继出台，最近几年，消费电子、智能家居、智能工业控制、远程医疗、智能交通、航空航天、人与机器人交互等多领域都在建立以嵌入式多核处理器为基础的高端实时系统(High-End Real Time System)，其中运行硬实时任务的嵌入式多核实时系统，对系统性能和能耗都有严格的要求。然而，这种对嵌入式多核依赖的加剧，以及共享缓存storage冲突和总线争用，使得硬实时任务WCET分析，不仅依赖于它的最差执行路径，还依赖于同时运行的其他任务对共用共享资源的冲突分析。与非实时任务不同，硬实时任务有截止时间的限制，为保证硬实时任务安全顺利执行，需要对总线调度和缓存分配进行相应调整。因此，嵌入式多核平台下，实时总线的能耗优化问题，涉及的因素较多如访问总线冲突、访问共享缓存的bank冲突、总线调度、缓存分配、硬实时任务截止期等，属于多约束条件下多目标优化问题。

一方面，硬实时任务访存冲突延迟上限决定着 WCET 估值大小，直接影响总线对访存请求的调度，可改变任务请求访问共享缓存的时机，进而影响缓存的 bank 冲突，这使得任务的访存冲突延迟上限成为影响系统性能的关键因素。共享缓存划分技术是研究多核共享缓存冲突的基础，可改变硬实时任务的冲突延迟上限和 WCET 估值，也是保障任务实时性的核心技术。目前已有比较成熟的缓存划分技术，但还存在以下问题：(1)估算的延迟冲突上限过高，使 WCET 估值过大，不利于实时总线调度；(2)共享缓存 bank 冲突频繁、延迟过高，无法满足硬实时任务顺利执行。

另一方面，在 DSM 工艺下，嵌入式多核互连中线的性能和连接复杂性，已成为芯片整体性能的瓶颈。随着片上连线数的增加，用以驱动它们的资源也随之增加，因而也导致了更高的能耗。为适应逐渐缩小的芯片尺寸，连接线的间距也逐步减小，线间耦合电容成为导线电容的主要部分，这使得耦合电容引起的动态能耗，在片上互连能耗中的占比增大，影响了芯片的可靠性。为了维持嵌入式实时芯片的可靠性，电路设计必须避免或排除这些影响。同时在耦合电容作用下，总线动态能耗在整个片上能耗中的比例也在不断上升。因此，为降低嵌入式多核片上能耗，降低片上实时总线动态能耗成为必然选择。目前已有多种总线节能技术被提出，并发挥着重要作用，但是当这些方法用于嵌入式多核片上实时总线能耗优化时，还存在复杂性过高、面积代价大、未考虑实时总线的特殊性等问题。

针对共享缓存划分和传统总线节能技术中存在的问题，本章在 Paolieri 等人提出的支持 IABA 总线调度策略的基础上，提出了一种低延迟宽位线间距的四值实时总线节能方法(Low Delay-aware Wide-spacing Quaternary，LDWQ)，以减少 bank 冲突降低延迟，提升系统性能，同时实现实时总线能耗优化，主要贡献如下：

(1)设计了基于两层映射(Two Level Mapping，TLM)的共享缓存分配方法，并通过优化 TLM 关系，减小任务访存请求冲突延迟上限和 WCET 估值，缩短任务的执行时间，提升系统性能；

(2)设计了宽位线间距的四值逻辑总线，通过充分利用减少位线而节省的芯片面积，增加位线间距，在不增加片上面积的前提下，减少数据传输中的耦合变换数，从而降低耦合电容引起的能耗，实现实时总线节能。

二、相关工作

(1)嵌入式多核共享缓存划分技术是 WCET 估算中共享缓存冲突研究的基础，也是保障硬实时任务实时性的核心技术。与基于公平性、吞吐率的共享缓存划分技术不同，嵌入式多核共享缓存划分方法，主要通过采用效用(utility)函数来确定任务所需的缓存分区容量，通常可分为：基于bank的共享缓存划分、基于组的共享缓存划分和基于路(列)的共享缓存划分。基于bank的共享缓存划分方法虽能消除bank冲突，但其适用范围受限，仅适用于硬实时任务所需共享缓存分区总数，不大于可用bank总数，且同一bank不被多缓存分区所共享的应用场景，这难以满足大多数高端嵌入式实时应用的需要。Suhendra等人结合锁技术(已应用于ARM 920T，Freescale e300等处理器)提出了基于组的共享缓存划分方法，以组为单位分配共享缓存，可消除storage冲突。Zhang等人提出了基于bank到核映射的共享缓存划分方法，减少bank冲突降低延迟上限。Qureshi等人则实现了一种基于Utility函数的路划分方法，可利用ATD(Auxiliary Tag Directory)和DSS(Dynamic Set Sampling)技术来动态获取Utility信息。另外我国学者所光为改进多线程多道程序性能，提出了一种加权共享缓存划分方法。虽然上述共享缓存划分算法，能够有效地消除storage冲突，但当多个核共享同一缓存bank时，仍可引发bank冲突。为此本文结合上述方法优点，设计了基于TLM的共享缓存划分方法，以减小bank冲突和访存冲突延迟上限。

(2)现有总线节能技术主要以编码方式为主，通过挖掘传输数据流的特征，达到优化总线能耗的目的。根据执行编码规则方式的不同，编码方式可以分为静态模式和动态模式，静态模式是基于特定的数据流，只在设计时进行优化，如翻转码、格雷码、零翻转码等。动态模式是结合系统执行过程中数据流的统计信息，不断调整编码规则，动态优化数据流，如自适应编码、频繁值编码等。这些方法在降低总线能耗时，存在适用范围较窄、硬件复杂度较高、片上面积代价较大等不足。多值逻辑（Multiple-Valued Logic，MVL)技术是降低连线复杂性的一种有效方法，在MVL电路中，一条位线可承载多于1 bit的信息，所以此技术可大大减少连线数。Beers和John设计了采用多值逻辑的片外总线，用于连接片外缓存和内存。Ozer等人采用多值逻辑电路降低片外总线和片上总线的能耗。Matsuura等人在多值电流模式电路中，提出了一种动态电流源控制技术，优化流水线系统的功耗。Mochizuki等人利用电流模式电路，提出了一种高速数据总线模型。但以上技术均未涉及到片上总线耦合电容和耦合变换对总线能耗的影响，也未涉及多约束下的实时总线节能问题。本文充分考虑实时总线的特殊性，以四值逻辑电路为基础，通过增大位线间距进一步降低耦合电容，实现最大程度的实时总线节能。

三、研究动机

具有支持IABA策略的实时总线嵌入式多核系统，在调度硬实时任务时，需要依据任务的WCET和截止期为其分配和保留系统资源，更小的WCET估值将提升任务的可调度性和资源利用率，进而降低任务的执行时间提升系统性能。在优化实时总线能耗时，为保证硬实时任务顺利执行和较高的系统性能，优化访存冲突延迟上限和实时总线节能需同步处理，否则可能发生不可预知的异常。因此，低延迟高性能和总线能耗优化在实时系统中密不可分。

(1)共享缓存划分对访存冲突延迟上限的影响

令UBD(Upper Bound Delay)表示硬实时任务访存请求遭受的冲突延迟上限，因此任意硬实时任务的访存请求所遭受的冲突延迟，都不会大于UBD的值。当L2 cache的bank数不能满足处理核独占时，会存在不同核共享同一个bank的可能，此时，Paolieri等人采用columnization方式划分L2 cache，并采用核数界定法(Limted by Cores，LC)来估算UBD的值，即$UBD=(N_{hrt}-1)\cdot L_M$，这样会使UBD估值过大。

如图5.1所示的例子，考察4个硬实时任务请求访问总线的应用场景：后3个硬实时任务请求，晚于第1个请求1个时钟周期且同时到达。采用核数界定法的columnization划分方式，如图5.1(a)所示，此时，UBD=(4-1)·4-1=11个时钟周期。而采用TLM划分方式，如图5.1(b)所示，UBD= 5个时钟周期。在本章第4节给出TLM划分的UBD计算方法。由图可知，不同的划分方法将产生不同的UBD值。

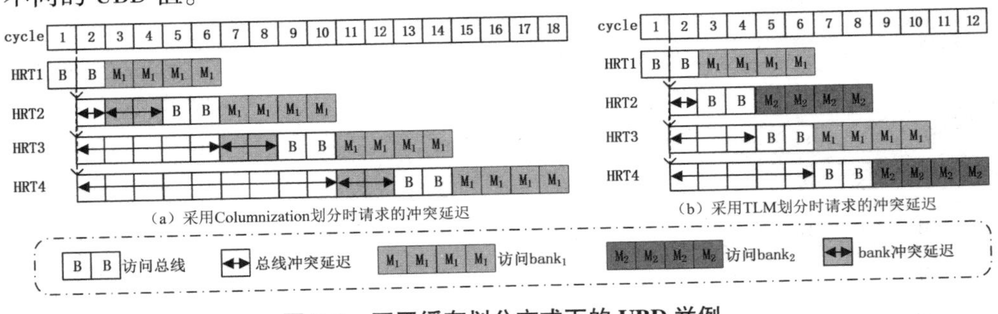

图5.1　不同缓存划分方式下的UBD举例

(2)四值总线在节能中具有的优势

(a)位线条数少，占用面积小

四值逻辑电路作为MVL电路的一种，与二进制电路相比具有典型的MVL电路特征。例如，完成同样的操作使用的连接线数目较少，占用芯片面积较小等。以四值逻辑电路为基础构成的四值总线，每条位线可比二值位线携带更多的信息，传输相同的数据需要的连接线条数较少，可有效减少总线所占用的芯片面积。同时，较少的位线条数，为进一步降低线间耦合电容提供了有力保障；而在

DSM 工艺下，耦合电容又是影响总线动态能耗的关键因素。因此，可利用四值总线的这一特征减少总线能耗。

(b)总线上传输值的变换数较少

考察值在二进制总线和与之等价的四值总线上传输时，前后相邻数值对的位变换情况。表 5.1 给出了 2 位二进制总线和与之等价的 1 位四值总线的变换数对比。其中，左半表的前两列为每个可能的 2 位二进制数组合，分别被当作总线传输中的前一个状态和当前状态，即代表总线上传输的前一个值和当前值，后两列分别给出了各种组合的水平和垂直变换数；右半表为与二进制对应的四进制情况。表 5.1 中黑体数字表示在一种数制总线中的变换数，超过了在另一种数制总线中的变换数。例如，当二进制总线上的值从 0 跳变到 3 时，因为其水平变换数“1”大于四值总线上的水平变换数“0”，所以二进制总线上的水平变换数“1”被标示为黑体。3 位二进制总线和与其等价的 2 位四值总线，在所有 36 种值的组合中，四值总线中的垂直变换数都没有超过二进制总线的垂直变换数。而四值总线的水平变换数只有四种组合超过了二进制总线的水平变换数。

表 5.1　两位二进制总线与一位四值总线变换数对比

二进制				四进制			
前一个值	当前值	水平变换	垂直变换	前一个值	当前值	水平变换	垂直变换
00	00	0	0	0	0	0	0
00	01	0	1	0	1	0	1
00	10	0	1	0	2	0	1
00	11	1	2	0	3	0	1
01	01	0	0	1	1	0	0
01	10	1	2	1	2	0	1
01	11	0	1	1	3	0	1
10	10	0	0	2	2	0	0
10	11	0	1	2	3	0	1
11	11	0	0	3	3	0	0

图 5.3 给出了不同总线宽度下，二进制总线和四值总线上位变换情况的对比。其中，B-Beat 表示二进制总线上的变换数小于四值总线上对应变换数的值，在总的可能值中占的比例；Q-Beat 表示四值总线上的变换数小于二进制总线上对应变换数的值，在总的可能值中的比例。而 Draw 表示两种总线的变换数相等

的值，在总的可能值中的比例。例如，对于 3 位二进制总线或 2 位四值总线，垂直变换中，B-Beat、Q-Beat 和 Draw 值的个数分别为 0、8 和 28，对应的比例分别为 0、0.22(8/36)和 0.78(28/36)。

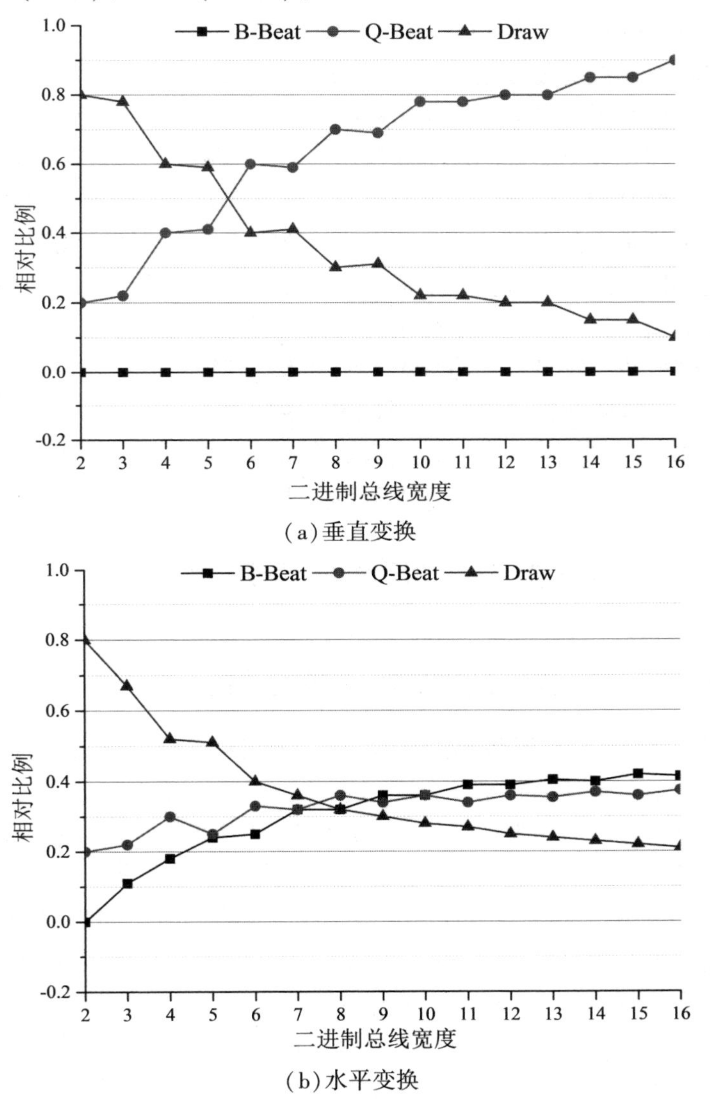

(a)垂直变换

(b)水平变换

图 5.2　二进制总线和四值总线变换数比例对比

在图 5.2(a)垂直变换占比图中，对于所有宽度的总线，B-Beat 线都与表示 0 的坐标轴重合。这意味着，不管总线上传输什么样的数据值对，二进制总线中的垂直变换数总是比四值总线中的大。当总线宽度增加时，Draw 线接近比例为 0

的坐标轴，Q-Beat 线接近比例为 1 的线。基于观察到的这种现象，可以预测当总线宽度接近 32 位时，四值总线的垂直变换数小于二进制总线垂直变换数的可能性会很大。另一方面，在图 5.2(b) 水平变换占比图中，当总线宽度变为 16 时，B-Beat 和 Q-Beat 线接近 0.4 的比例线，而 Draw 线则线性下降到 0.2 的比例线。可以预测当总线宽度接近 32 位时，四值总线的水平变换数将很有可能略高于二进制总线的水平变换数。然而这些结果是基于一个假设：每一个排列组合出来的数值对，在总线上出现的概率都是相等的。实际上，总线传输值具有时间和空间局部性，即其中一些数值对出现的频率要高于另一部分出现的频率。一个应用可能有偏向于某种数值对的情况，因此，总线的总变换数可能与组合概率的观点有较大的不同，这一点可以在本章第 5 节实验结果中得到验证。(因为测算 32 位总线上所有值的排列计算复杂性太高，在此没有给出变换数比例)

基于上述分析，本章将利用基于 TLM 的缓存划分方法，减小任务的 UBD 和 WCET 估值，以降低任务的执行时间，提升系统性能；同时利用四值总线的优势，充分利用其节省的片上空间，最大程度地减少线间耦合电容和耦合变换数，最终实现有效的低延迟性能的实时数据总线节能。

第 2 节　实时系统模型构建

一、支持 IABA 策略的实时总线多核结构

本章采用支持 IABA 策略的实时总线嵌入式多核结构，如图 5.3 所示。该多核结构具有 N_{core} 个支持有序流水线的多发射同构核；具有两层片上缓存，分别为：各处理核私有的第一级缓存(指令缓存 IL1 和数据缓存 DL1)和各处理核共享的第二级缓存(L2 cache)，其中 L2 cache 由多个大小相等的 bank 构成，每个 bank 又被均匀划分为多个 column；支持 IABA 策略的实时总线具有两层仲裁结构：核间总线仲裁器（Inter-Core Bus Arbiter，XCBA）和核内总线仲裁器 ICBA (Intra-Core Bus Arbiter，ICBA)。XCBA 负责对核间请求进行仲裁，在调度总线请求时，能够判断是否会发生总线冲突或 bank 冲突。当两个访问同一 bank 的请求同时申请访问总线时，XCBA 将延迟其中一个的请求访问总线，以避免发生总线冲突和 bank 冲突。每个核有一个 ICBA，对来自此核内的请求进行仲裁，ICBA 根据请求的目标 bank 建立相应的请求等待队列，并采用先来先服务策略选择硬实时任务请求，转发给 XCBA。

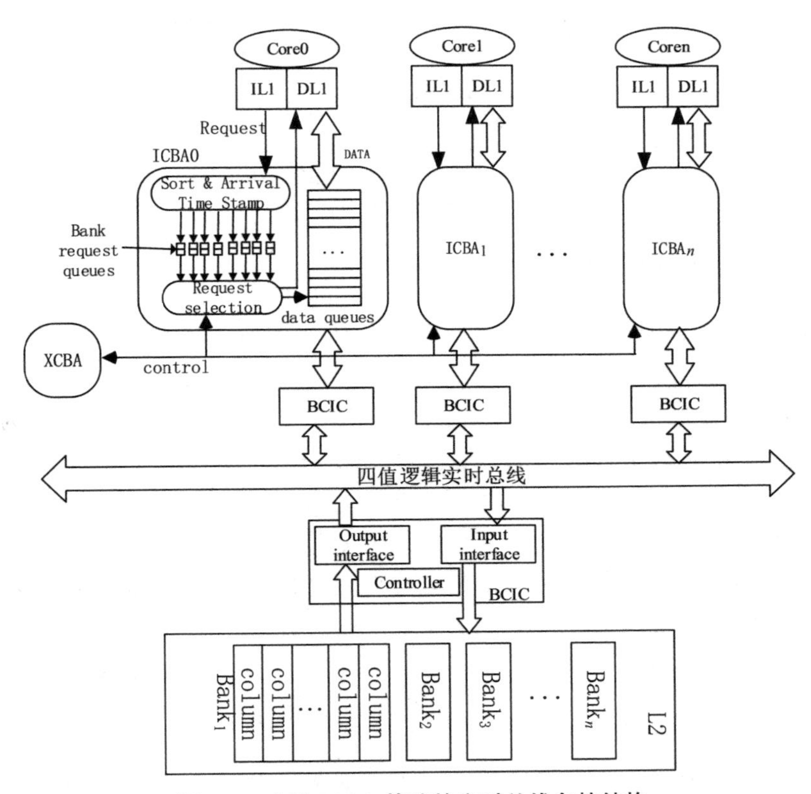

图 5.3　支持 IABA 策略的实时总线多核结构

二、使用的符号集

本章采用的符号如表 5.2 所示。

表 5.2　共用符号列表

符号	含义	符号	含义
$\mathbb{C}$	核集合	N_{hrt}	运行的硬实时任务数
$\mathbb{B}$	bank 集合	T_{hrt}	硬实时任务集合
N_{core}	核数	$\text{Column}_{(c_i)}$	核 c_i 需要的 column 数
N_{bank}	L2 中的 bank 数	C_{hrt}	运行硬实时任务的核集合
N_{col}	一个 bank 的 column 数	cd	访存请求冲突延迟
bank_i	L2 中第 i 个 bank	L_{B}	总线访问时间

（续表）

符号	含义	符号	含义
c_i	系统中第 i 个核	L_M	L2 缓存访问时间
$T_{(c_i)}$	分配到 c_i 上的硬实时任务集合	UBD	访存请求冲突延迟上限

三、共享缓存划分设计

硬实时任务在不同 L2 cache 划分中遭受不同的 bank 冲突。为减少任务遭受的 bank 冲突，设计了基于 TLM 的 L2 cache 划分方法。首先是核层映射(core-level)，根据核所需的缓存大小，将 N_{bank} 个 bank 分配给 N_{core} 个核，任一核上的任务只能使用分配给这个核的 bank，这样可以减少或消除 bank 冲突(当两个核同时映射到同一个 bank 上时，仍然会发生 bank 冲突)，核内硬实时任务按顺序执行，所以在核层分配时，以其上任务需要的最大 column 数为准进行分配。其次是任务层映射(task-level)，把每个核上的硬实时任务映射到相应 bank 的 column 上，即为任务分配合适的 column 数。由于任务独占分到的 column，任务间不存在 storage 冲突，而在基于不同两层映射关系的划分中，硬实时任务可能遭受不同的 bank 冲突。

令$N_{bank(c_i)}$表示核 c_i 需要的 bank 数，则$N_{bank(c_i)}=\left\lceil \frac{\text{Column}_{(c_i)}}{N_{col}} \right\rceil$，运行任务需要的 bank 总数$N_{bank(total)}=\sum_{i=1}^{N_{core}} N_{bank(c_i)}$。在进行基于 TLM 的 L2 cache 划分时，有如下两种情况：

(1)$N_{bank(total)} \leqslant N_{bank}$。在此情况下，任取核集$\mathbb{CC}$中的一个核 c_i，使其独占$N_{bank(c_i)}$个 bank，由于定义核上任务需要的最大 column 数，为该核需要的 column 数，对于核集$\mathbb{CC}$中的任意核均满足：$\text{Column}_{(c_i)} \leqslant N_{bank(c_i)} \cdot N_{col}$。此时，由于各核独占分配的 bank，而硬实时任务被直接映射到其核所属 bank 的 column 上，因此，硬实时任务将不遭受 bank 冲突。

(2)$N_{bank(total)} > N_{bank}$。在此情况下，至少存在两个核共享一个 bank，会存在 bank 冲突。此时按 bank 集合$\mathbb{B}$中 bank 号升序序列$\{\text{bank}_1, \text{bank}_2 \cdots, \text{bank}_{N_{bank}}\}$，进行映射，依次按各核需要的最大 column 数 $\text{Column}_{(c_i)}$ 进行分配。按照N_{core} 个核的某个序列依次为每个核分配 column，先分配 bank_1 的 column，bank_1 分配完后，再分配 bank_2 的 column，依次类推(此时约定$\sum_{i=1}^{N_{core}} \text{Column}_{(c_i)} \leqslant N_{bank} \cdot N_{col}$，即 L2 大小可以满足硬实时任务顺利执行，否则资源不足，硬实时任务将无法执行)。

基于TLM缓存划分方法的具体实现见附录B算法B.1，其中，c_ seq[ ]表示核的一个序列，根据核序列c_ seq[ ]做核到bank映射关系CtoBMapping[N_{core}][N_{bank}]和任务到column的映射TtoColMapping[N_{core}][N_{hrt}][N_{bank}]。当核映射到某个bank上时CtoBMapping[ ][ ]为1，否则为0；任务到核的映射TtoColMapping[N_{core}][N_{hrt}][N_{bank}]负责记录某个核上的任务在某个bank上所占的column数。第2～15行处理第(1)种情况，第17～50行处理第(2)中情况。

第3节　低延迟高性能实时总线节能优化目标

一、总的优化目标

在运行硬实时任务的系统中，总线在对任务访存请求调度时，除了依据调度策略还需已知硬实时任务的WCET值。WCET估值的大小直接影响着系统性能的高低，更小(紧)的WCET估值，可提升任务的可调度性和系统资源利用率等性能指标。图5.4展示了WCET的构成，图5.5展示了最坏情况下，一次共享缓存访问的延迟情况。根据图5.4冲突延迟是总线冲突延迟和bank冲突延迟之和，如公式(5.1)所示。

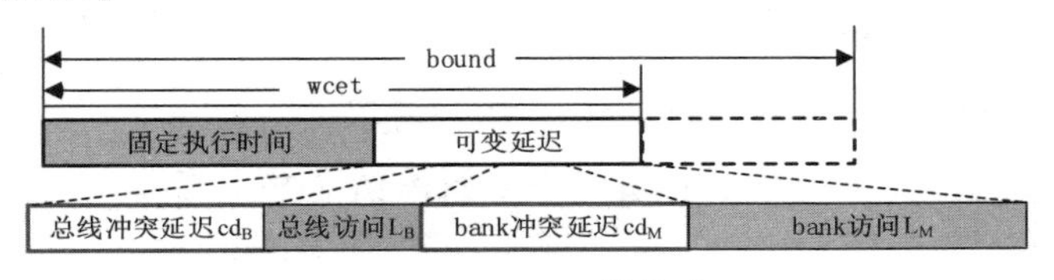

图5.4　WCET的构成

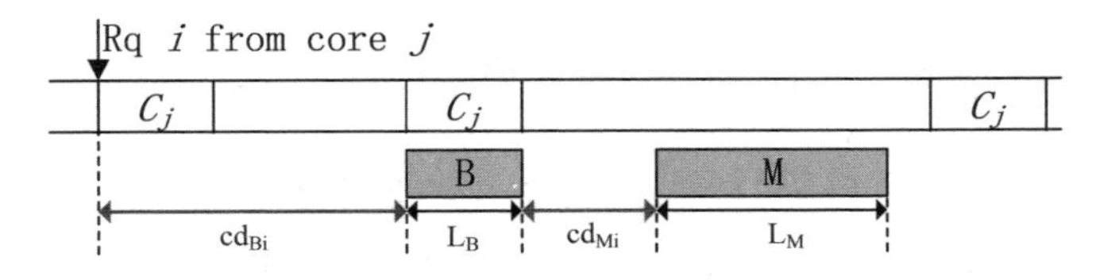

图5.5　最坏情况下一次cache访问时间构成

$$cd = cd_B + cd_M \tag{5.1}$$

鉴于WCET的作用，低延迟高性能的实时总线能耗优化问题，可形式化描述为公式(5.2)：

$$\min\left(\frac{1}{P}\cdot E\right) \Leftrightarrow \min\left(\frac{1}{P}\right) \cap \min(E) \Leftrightarrow \min(\mathrm{WCET}) \cap \min(E) \tag{5.2}$$

其中，E表示总线动态能耗，P表示抽象性能函数，主要影响因素为WCET

估值(决定资源利用率、任务可调度性等)，且 WCET 估值越小性能越高。而冲突延迟上限越小会使 WCET 估值越小，因此，优化问题又可表示为公式(5.3)。此优化问题的求解可转化为，冲突延迟上限优化 min(D) 和总线能耗优化 min(E) 两个子问题的求解。

$$\min\left(\frac{1}{P}\cdot E\right)\overset{\mathrm{WCET}}{\Leftrightarrow}\min(\mathrm{UBD})\cap\min(E) \tag{5.3}$$

二、UBD 分析及优化目标

(1) UBD 分析

分析冲突延迟上限需要考察最差情况，即当 C_{hrt} 中所有核都同时执行硬实时任务的场景。由于各核上的硬实时任务需要顺序执行，为简化分析过程设定每个核上只有一个硬实时任务。用 $\{HRT_1, HRT_2, \cdots, HRT_{(N_{hrt})}\}$ 表示同时运行的 N_{hrt} 个硬实时任务，所在的核表示为 $\{c_1, c_2, \cdot, c_{(N_{hrt})}\}$。当 N_{hrt} 个硬实时任务同时申请访问总线时，来自 $HRT_i(1\leqslant i\leqslant N_{hrt})$ 的请求第 i 个被调度。假设在 XCBA 的一次调度中，N_{hrt} 个任务均有请求需访问 L2 cache，表示为 $\{q_1, q_2, \cdots, q_{(N_{hrt})}\}$。下面讨论请求的冲突延迟上限 UBD。

分别用 $cdbus_i$ 和 $cdbank_i$ 表示请求 $q_i(1\leqslant i\leqslant N_{hrt})$ 遭受的最大总线冲突延迟和最大 bank 冲突延迟。总线上第一个被调度的请求 q_1 不遭受总线冲突和 bank 冲突，此时有：$cdbus_1=0$ 和 $cdbank_1=0$。对于请求 q_i，$cdbus_i=\sum_{j=1}^{i-1}(L_B+cdbank_j)$。考虑图 5.6 中场景，4 个硬实时任务请求同时申请 XCBA 调度，HRT_1 和 HRT_2 共享 $bank_1$，HRT_3 和 HRT_4 共享 $bank_2$，令 $L_B=2$ 个时钟周期，$L_M=4$ 个时钟周期。来自 HRT_3 的请求遭受的总线冲突延迟为 $cdbus_3=(3-1)\cdot L_B+cdbank_2=6$ 个时钟周期。请求 $q_i(1<i\leqslant N_{hrt})$ 可能遭受的最大冲突延迟可表示为 $cdbus_i+cdbank_i=\sum_{j=1}^{i-1}L_B+\sum_{j=1}^{i}cdbank_j$，且 $q_{(N_{hrt})}$ 遭受的冲突延迟最大，可表示为 $\sum_{j=1}^{N_{hrt}-1}L_B+\sum_{j=1}^{N_{hrt}}cdbank_j$。

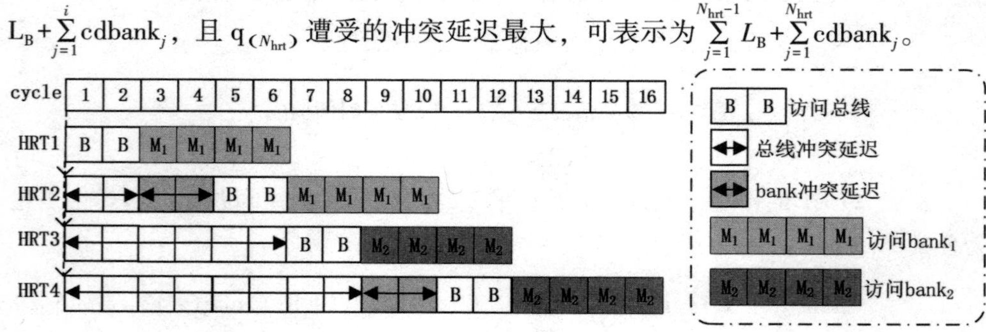

图 5.6 访存请求的冲突延迟举例

因此，访存请求遭受的最大延迟上限 UBD 可以用公式(5.4)表示。

$$\mathrm{UBD}=(N_{\mathrm{hrt}}-1)\cdot \mathrm{L_B}+\sum_{j=1}^{N_{\mathrm{hrt}}}\mathrm{cdbank}_j \tag{5.4}$$

下面讨论请求 q_i 遭受的最大 bank 冲突延迟计算方法。令 $\mathrm{Txcba_{sta}}$ 表示一次 XCBA 调度的开始时间，$q_i(1\leqslant i\leqslant N_{\mathrm{hrt}})$ 表示访问 $\mathrm{bank_k}$ 的一个请求，$q_r(1\leqslant r<i)$ 表示紧邻先于 q_i 访问 bank_k 的请求，tacc_r 表示请求 q_r 访问总线的时间，则如下等式成立：$\mathrm{tacc_r}=\mathrm{Txcba_{sta}}+\mathrm{cdbus_r}+\mathrm{cdbank_r}$。$q_1$ 不遭受 bank 冲突，则 $\mathrm{cdbank_1}=0$。对于请求 q_i，若 $(\mathrm{tacc}_r+\mathrm{L_B}+\mathrm{L_M})-(\mathrm{Txcba_{sta}}+\mathrm{cdbu}\,s_{\mathrm{i}}+\mathrm{L_B})\leqslant 0$，把 cdbus_i 和 tacc_r 代入整理可得：$\mathrm{L_M}-\sum_{j=r}^{i-1}\mathrm{L_B}-\sum_{j=(r+1)}^{i-1}\mathrm{cdbank}_j\leqslant 0$，则请求 q_i 不遭受 bank 冲突，$\mathrm{cdbank}_i=0$。否则，请求 q_i 遭受 bank 冲突，且最大冲突延迟为：$\mathrm{cdbank}_i=\mathrm{L_M}-\sum_{j=r}^{i-1}\mathrm{L_B}-\sum_{j=(r+1)}^{i-1}\mathrm{cdbank}_j$。

(2) UBD 优化目标

根据基于 TLM 的共享缓存划分，令 $x_{ik}=\mathrm{CtoBMapping}[i][k]$ 表示 $\mathrm{b_k}(\in\mathbb{B})$ 是否有 column 分配给 $c_i(\in\mathbb{C})$，若有，则 $x_{ik}=1$；否则，$x_{ik}=0$。$\mathrm{ncol}_{itk}=\mathrm{TtoColmapping[i][t][k]}$ 表示 b_k 分配给 $c_i(\in\mathbb{C})$ 上任务 t 的 column 数目，如果 $x_{ik}=1$，则 $\mathrm{ncol}_{itk}>0$；否则，$\mathrm{ncol}_{itk}=0$。由于任务独占分配给它的 column，ncol_{itk} 是整数。以 x_{ik} 和 ncol_{itk} 为决策变量，优化 TLM 关系可使 UBD 最小，由公式 5.4，min(D) 可表示为公式(5.5)。

$$\min(\mathrm{UBD})=\min\left((N_{\mathrm{hrt}}-1)\cdot \mathrm{L_B}+\sum_{j=1}^{N_{\mathrm{hrt}}}\mathrm{cdbank}_j\right) \tag{5.5}$$

在优化 UBD 时还需满足公式 5.6～5.10 表示的多个约束条件。

$$\mathrm{cdbank_i}=\max\left\{0,\ \mathrm{L_M}-\sum_{j=r}^{i-1}\mathrm{L_B}-\sum_{j=(r+1)}^{i-1}\mathrm{cdbank}_j\right\} \tag{5.6}$$

$$N_{\mathrm{bank}}\cdot N_{\mathrm{col}}\geqslant\sum_{i=1}^{N_{\mathrm{hrt}}}\mathrm{Column}_{(c_i)} \tag{5.7}$$

$$\mathrm{Column}_{(c_i)}\leqslant\sum_{k=1}^{N_{\mathrm{bank}}}\mathrm{ncol_{itk}}\cdot \mathrm{x_{ik}},\quad \forall\, c_i\in \mathrm{C_{hrt}} \tag{5.8}$$

$$\sum_{i=1}^{N_{\mathrm{core}}}\mathrm{ncol}_{itk}\cdot \mathrm{x_{ik}}\leqslant N_{\mathrm{col}},\quad \forall\, t_{\mathrm{hrt}}\in T_{\mathrm{hrt}}\ \forall\,\mathrm{bank_k}\in\mathbb{B} \tag{5.9}$$

$$\mathrm{Column}_{(c_i)}\geqslant 0,\ \mathrm{ncol}_{itk}\geqslant 0,\quad \forall\, c_i\in\mathbb{C},\ \forall\,\mathrm{bank}_k\in\mathbb{B} \tag{5.10}$$

公式(5.6)表示当核 c_i 和 c_r 共享 bank 时($1<i\leqslant N_{\mathrm{hrt}}$，且 $r<i$)，来自核 c_i 的请求遭受的 bank 冲突延迟，即请求遭受的最大 bank 冲突延迟；公式(5.7)表示 L2 缓存的容量大小应满足所有核的需求；公式(5.8)表示分配给某个核的 column 数应满足该核上运行任务的需要；公式(5.9)表示 bank 容量大小的约束；公式(5.10)表示非负约束。

三、实时总线能耗模型及优化目标

(1)实时总线能耗模型

在 DSM 工艺尺寸下的近似总线模型中(见图 2.1(b)),C_L 表示每条位线的自身电容(对地电容),C_I 表示相邻位线间的耦合电容(线间电容),耦合参数 $\lambda=C_I/C_L$。耦合电容是相邻位线同时发生跳变时而耦合产生的电容,由它产生的能耗在总线能耗中占主导地位。根据第 2 章第 2 节总线能耗公式(2.5),实时总线能耗的计算采用公式(5.11)。

$$E=V_{DD}^2\cdot(C_L\cdot\sum_{i=1}^{N}SW_i+C_I\cdot\sum_{j=1}^{N-1}SW_{j,j+1})\tag{5.11}$$

其中,V_{DD} 为供电电压,N 为总线位线的条数,SW_i 为总线位线 i 自身电容引起的变换数(垂直变换数),$SW_{j,j+1}$ 表示相邻位线 j 和 $j+1$ 之间耦合电容引起的耦合变换数(水平变换数)。当总线位线上传输的数据值从 0 变为 1 或从 1 变为 0 时,产生垂直变换;当相邻位线间的数据值同时发生跳变时,产生水平变换。

(2)能耗优化目标

根据总线能耗公式(5.11),令 X 表示垂直变换数,表示为 $X=\sum_{i=1}^{N}SW_i$;Y 表示水平变换数,表示为 $Y=\sum_{j=1}^{N-1}SW_{j,j+1}$;结合 $\lambda=C_I/C_L$,则有公式(5.12)成立。

$$E=V_{DD}^2\cdot C_L\cdot(X+\lambda\cdot Y)\tag{5.12}$$

记总线上与能耗相关的总变换数为 D,采用公式(5.13)计算。

$$D=X+\lambda\cdot Y\tag{5.13}$$

由公式(5.12)和公式(5.13)可知,求解 $\min(E)$ 使总线能耗 E 最小的问题,可转化为求解 $\min(D)$ 使总变换数 D 最小的问题。

第 4 节　LDWQ 方法的设计

一、5.6.1 UBD 优化设计

LDWQ 方法针对支持低延迟高性能的实时总线能耗优化问题,一方面通过优化基于 TLM 的映射关系,减少冲突延迟上限,提升系统性能;另一方面通过四值逻辑电路,充分利用片上空间,降低实时总线能耗。下面从 UBD 优化和四值逻辑总线能耗优化两个方面来论述。

根据优化目标,对 UBD 的优化可减少 WCET 估值,改善任务可调度性和资源利用率,以提升系统性能。首先利用基于 TLM 的共享缓存划分算法(见附录 B

算法 B. 1)分配共享缓存，并得到一个初始的 TLM 关系，然后通过优化该映射关系，得到任务集在实时系统上运行时最优的 UBD 和对应的 TLM 关系，最后利用得到的 UBD 和 TLM 关系估算 WCET 值，并以此作为输入参数配置系统运行任务，以提高系统性能。

算法 5. 1 给出了 UBD 的计算方法。第 4 行判断核 c_i 和 c_r 是否共享 $bank_k$；第 5 ~ 10 行，计算请求可能遭受的最大 bank 冲突延迟。第 12 行根据公式(5. 4)计算 UBD。

算法 5. 1：计算冲突延迟上限 UBD

输入：$N_{.rt}$，$N_{.rt}$ 个硬实时任务对应的核 $\{c_1, c_2, \cdot, c_{(N_{hrt})}\}$，核到 bank 的映射(CtoBMapping[ ][ ])

输出：请求的冲突延迟上限(UBD)

1. $cdbank_i=0$，$cdbank=0$，$1 \leqslant i \leqslant N_{.rt}$；
2. FOR ($i=1$; $i \leqslant N_{.rt}$; i++) DO
3. FOR ($r=i-1$; $r \geqslant 0$; r--) DO
4. 　　IF (CtoBMapping[i] [k] &&CtoBMapping[r] [k]) THEN
5. 　　　IF ($L_M-\sum_{j=r}^{i-1} L_B-\sum_{j=(r+1)}^{i-1} cdbank_j>0$) THEN
6. 　　　　$cdbank_i=L_M-\sum_{j=r}^{i-1} L_B-\sum_{j=(r+1)}^{i-1} cdbank_j$;
7. 　　　END IF
8. 　　　BREAK;
9. 　　END IF
10. 　END FOR
10. 　$cdbank=cdbank+cdbank_i$;
11. END FOR
12. $UBD=(N_{.rt}-1)\cdot L_B+cdbank$;
13. RETURN UBD.

算法 5. 2 给出了优化 TLM 关系使 UBD 最小的算法。MinUBD 存放优化后的最小 UBD，MinCtoBMapping[ ][ ]和 MinTtoColMapping[ ][ ][ ]存放具有最小 UBD 的 TLM 关系。第 2 ~21 定义函数 FindMinUBDMapping(n)。第 4 行调用算法 B. 1，得到两层映射 TempCtoBMapping[ ][ ]和 TempTtoColMapping[ ][ ][ ]，第 7 行调用算法 5. 1，计算 TLM 关系下的 UBD，并存放在 TempUBD 中。第 8 ~ 12 行更新 UBD 和对应的 TLM 关系，第 15 ~20 行回溯搜索解空间。

算法 5.2：优化 TLM 关系使 UBD 最小

输入：$\mathbb{C}$，N_{core}，$C_{\cdot rt}$，$N_{\cdot rt}$，$\mathbb{B}$，N_{bank}，N_{col}，$Column_{(c_i)}$（$c_i \in \mathbb{C}$，c_ seq[ ]

输出：最小的 UBD（MinUBD），及对应的 TLM（MinCtoBMapping[ ][ ]和 MinTtoColMapping[ ][ ][ ]）

1. MinUBD=infinity，used[i]=FALSE；
2. FUNCTION FindMinUBDMapping (n)
3.   IF ($n>N_{core}$) THEN
4.   CALL 算法 B.1，得到一个 TLM 关系 TempCtoBMapping[i][k]和 TempTtoColMapping[i][t][j]；
5. x_{ik}=TempCtoBMapping[i][k]；($1 \leqslant i \leqslant N_{core}$，$1 \leqslant k \leqslant N_{bank}$)
6. $ncol_{itk}$，=TempTtoColMapping[i][t][k]；($1 \leqslant i \leqslant N_{core}$，$1 \leqslant t \leqslant N_{\cdot rt(c_i)}$，$1 \leqslant k \leqslant N_{bank}$)
7.   CALL 算法 5.1，计算上述映射关系下的 UBD，存放在 TempUBD；
8.   IF (TempUBD<MinUBD) THEN
9.   MinUBD=TempUBD；
10.   MinCtoBMapping[ ][ ]=TempCtoBMapping[ ][ ]；
11.   MinTtoColMapping[ ][ ][ ]=TempTtoColMapping[ ][ ][ ]；
12.   END IF
13.   RETURN
14. END IF
15.   FOR (i=1；$i \leqslant N_{core}$；i++) DO
16.   IF (! used[i]) THEN
17.   c_ seq[n]=c_i；used[i]=TRUE；
18.   FindMinUBDMapping (n+1)；used[i]=FALSE；
19.   END IF
20. END FOR
21. END FUNCTION
22. FindMinUBDMapping(1)；
23. RETURN MinUBD，MinCtoBMapping[ ][ ]，MinTtoColMapping[ ][ ][ ].

二、四值逻辑总线节能设计

讨论了冲突延迟上限优化问题之后，本小节将论述实时总线的节能设计。由前述分析可知，设计并使用 MVL 总线进行实时总线能耗优化，引入的面积代价有限。同时为了降低多值信号转换的出错率并减少硬件复杂性，本文选择四值逻辑总线，四值逻辑系统由四个数字(0、1、2、3)构成。当采用以 4 为基数的四值逻辑总线时，对总线变换数将产生积极影响。尽管单根位线上的垂直变换数或相邻位线上的水平变换数可能会在某次传输中增加，但总的垂直变换数和水平变换数，会因为传输数据的实际位线条数减少而减少。

(1)四值逻辑电路实现形式的选择

一般而言，多值逻辑电路的实现形式主要有两类：电压模式多值电路和电流模式多值电路。采用电压模式的信号，以 r 为基数的数制系统，可以用多个电压等级表示。但是，电压型多值信号在发送时，通常会导致噪声特性的下降，更容易受到噪声干扰。而电流模式多值电路以多个电流值表示逻辑值，电路形式相对简单，抗干扰能力强，具有比电压模式电路更少的反馈，不受超峰值的影响。而且更重要的是，在 DSM 工艺下，电流模式的信号发送在功耗和速度方面，都明显优于电压模式的信号发送。为了获得高性能和低功耗，本文采用了基于动态源极耦合逻辑(Source-Coupled Logic，SCL)的电流型四值逻辑电路。

(2)四值总线转换接口电路设计

四值总线设计的关键是接口转换，为保证处理器和片上缓存对数据的正确处理和存放，需要设计二进制和四进制之间的接口转换电路。本文四值总线的转换接口电路模块主要包括输入接口、输出接口和控制器，见图 5.1 结构中的 BCIC (Bus Conversion Interface Circuit)模块。图 5.7 给出了二值逻辑到四值逻辑的转换接口电路，对应 BCIC 模块中的输出接口(Output interface)。它由两个 SCL 电路构成，即输出电流生成器 1(Output Current Generator，OCG1)和输出电流生成器 2 (OCG2)，OCG1 和 OCG2 都作为阈值检测器中的输出发生器。电流源生成的电流由差分电路(Differential-pair circuit，DPC)进行转换，其参考电压被设置为 $V_{DD}/2$。在 OCG1 中生成的电流值 0 或 I_0，对应一个来自 CMOS 电路的二进制电压输入 x_0；同理，在 OCG2 中生成的电流值 0 或者 $2I_0$，对应二进制电压输入 x_1。在 OCG1 和 OCG2 中输出电流的线性求和操作，可使输出接口的输出电流值出现 4 个值，分别为：0、I_0、$2I_0$ 或 $3I_0$。输出接口的终端与实时总线相连，一个 PMOS 晶体管作为一个电流电压转换器也连在实时总线上。

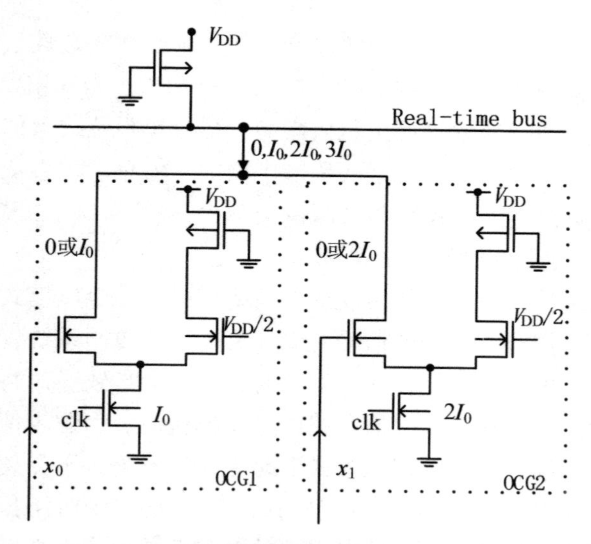

图 5.7　二值逻辑到四值逻辑的转换接口电路

图 5.8 给出了由两个可降低功耗的动态 SCL 电路：比较器 1(CMP1)和比较器 2(CMP2)构成的四值逻辑到二值逻辑的转换电路。它对应图 5.1 结构中 BCIC 模块中的输入接口(Input interface)，CMP1 和 CMP2 都作为阈值检测器中的比较器。在 CMP1 中两个差分电路 DPC1 和 DPC3 堆叠摆放，DPC1 和 DPC3 的参考电压分别被设为 $V(0.5)$ 和 $V(2.5)$，对应的门函数如图 5.9(a) 所示，其中 0.5 和 2.5 是阈值逻辑值。在 CMP2 中 DCP2 的参考电压被设置为 $V(1.5)$，对应的上限门函数如图 5.9(b) 所示。表 5.3 给出了两位二值编码和四值编码的对应关系。由于四值编码用一条位线携带两位信息，因此在数据传输上当总线宽度相同时，四值总线的吞吐量是二值总线吞吐量的两倍。

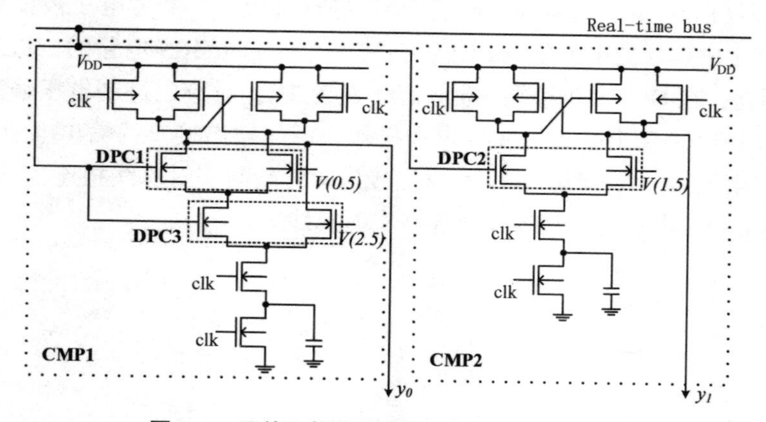

图 5.8　四值逻辑到二值逻辑的转换接口电路

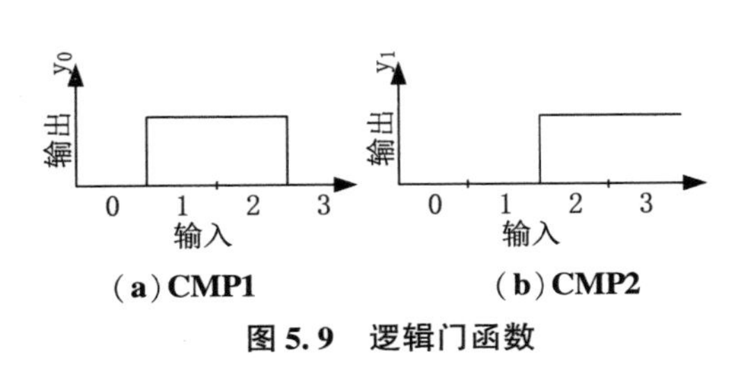

（a）CMP1　　（b）CMP2

图 5.9　逻辑门函数

表 5.3　二值四值编码对照表

二进制	四进制
00	0
01	1
10	2
11	3

三、基于宽位线间距的四值总线节能设计

DSM 工艺下，线间耦合电容产生的耦合变换对总线能耗的影响占主导地位。因此，降低耦合电容成为总线能耗优化的关键。耦合电容对相邻位线距离具有敏感性，与相邻并行位线距离成反比关系，随相邻位线距离变小而增大。并且位线间距减小导致耦合电容增大对总线能耗产生的影响，强于工艺尺寸减小而导致的电容增大对总线能耗产生的影响。因此调整位线间距对优化实时总线能耗至关重要。

在二进制总线中，并行位线间需要有足够的距离以减少线间耦合电容，这就需要有额外的片上面积来保证足够的位线间距。而另一方面，在四值总线中，可利用移除掉多余二进制总线位线留下的空间来增加位线间距。这不仅仅可降低线间耦合电容，而且可有效降低总线能耗。从本质上来看，在以 $r(r>2)$ 为基数的数制系统中，一个宽度为 N 位的总线可压缩成具有 M 条位线的总线。M 的值可使用 N 位二进制数表示的最大数来获得。对于以 r 为基数的 M 位总线，有如下等式成立：$2^N=r^M$，对其取以 2 为底的对数，即 $\log_2(2^N)=\log_2(r^M)$，此时有 $N=M\log_2 r$，变形可得 $M=N/\log_2 r$，由于 $M=N/\log_2 r$ 的结果可能为小数，对它的值向上取整，则可得到 M 的值，如公式(5.13)所示。对于 32 位二进制总线($N=32$)转化为四值总线($r=4$)时，$M=16$。

$$M=\left\lceil \frac{N}{\log_2 r} \right\rceil \tag{5.13}$$

当多值总线位线间距与二进制总线相同时，结合公式(5.11)可得四值总线能耗计算公式(5.14)(32 位二进制总线对应的四值总线中 $M=16$)。

$$E_Q=V_{DD}^2\cdot\left(C_L\cdot\sum_{i=1}^{M}SW_i+C_I\cdot\sum_{j=1}^{M-1}SW_{j,j+1}\right) \tag{5.14}$$

当采用与二进制总线对应的四值总线时，所需位线条数明显减少，这给降低线间耦合电容提供了机会。因为传输同样的信息，同样的片上面积，位线条数的减少可增大金属导线间的距离。而耦合电容的大小与并行位线的间距成反比，为减小耦合电容，可利用移除多余的二进制位线节省下的空间，来增加四值总线位线的间距，并且不需要增加额外的片上面积。如果平均分配多值总线的位线间距，它的线间耦合电容可被降低一定的比例。假设初始位线间距为 1 个单位，位线新的间距可以用公式(5. 15)计算。

$$\mathrm{wdis}=1+\frac{N-M}{M-1}=\frac{N-1}{M-1} \tag{5. 15}$$

这里，wdis 表示调整后的位线新间距。多值总线耦合电容可以由二进制总线耦合电容除以 wdis 得到。例如，如果原始二进制总线宽度是 8 位，对应的四值总线宽度是 4 位。现在新的四值总线间距变为 2. 33 个单位，即每个位线间距均增加 1. 33 个单位的距离。对于 32 位总线，当 $M=16$ 时，wdis = 2. 07。在不增加总线占有面积条件下，调整位线间距后，结合公式(5. 11)、(5. 13)(5. 14)(5. 15)，可得采用宽位线间距的多值总线能耗计算新公式，如公式(5. 16)所示。对于本文四值总线，$r=4$。

$$E_{\mathrm{WQ}}=V_{\mathrm{DD}}^{2}\cdot\left(C_{\mathrm{L}}\cdot\sum_{i=1}^{M}\mathrm{SW}_{i}+\frac{C_{\mathrm{I}}}{\mathrm{wdis}}\cdot\sum_{j=1}^{M-1}\mathrm{SW}_{j,j+1}\right) \tag{5. 16}$$

令X_{WQ} 为宽间距四值总线上的垂直变换数，表示为$X_{\mathrm{WQ}}=\sum_{i=1}^{M}\mathrm{SW}_{i}$；$Y_{\mathrm{WQ}}$ 为宽间距四值总线上的水平变换数，表示为$Y_{\mathrm{WQ}}=\frac{1}{\mathrm{wdis}}\sum_{i=1}^{M-1}\mathrm{SW}_{j,j+1}$，结合 $\lambda=C_{\mathrm{I}}/C_{\mathrm{L}}$，得到宽位线间距四值总线能耗公式(5. 17)。

$$E_{\mathrm{WQ}}=V_{\mathrm{DD}}^{2}\cdot C_{\mathrm{L}}\cdot(X_{\mathrm{WQ}}+\lambda\cdot Y_{\mathrm{WQ}}) \tag{5. 17}$$

记宽位线间距四值总线上与能耗相关的总变换数为 D_{WQ}，采用公式(5. 18)计算。

$$D_{\mathrm{WQ}}=X_{\mathrm{WQ}}+\lambda\cdot Y_{\mathrm{WQ}} \tag{5. 18}$$

由宽位线间距四值总线的特性可知，当实时总线上的总变换数为D_{WQ} 时可使 D 最小，即 $\min(D)=D_{\mathrm{WQ}}$，此时实时总线能耗得到优化，即 $\min(E)=E_{\mathrm{WQ}}$。

四、节能总线的能耗计算

在得到垂直变换数和水平变换数后，可利用公式(5. 11)、(5. 14)和(5. 17)，分别计算二进制总线、四值总线和宽位线间距总线模型的能耗。对于一个给定的工艺尺寸，实时总线的耦合参数，使用第 2 章第 1 节图 2. 2 给出的耦合参数取值与工艺尺寸的变化关系来计算。在不影响结果的前提下，本书对 λ 的值取整数。

对于片上实时总线结构，可通过计算连续两个值的跳变数(即海明距离)计算垂直变换数，使用当前值的跳变数计算水平变换数。可按图 5.10 的能耗计算流程，计算二进制总线和四值总线的能耗。程序开始执行时，总线上没有位变换，总线上的前一个值被置为全零。当一个新值(即当前值)到达总线，垂直变换数通过比较当前值和它的前一个值来计算。采用一个计数器($Total\_SW_{vertical}$)来计算垂直方向的跳变数，即相继的两个值的海明距离。采用另一个计数器($Total\_SW_{horizontal}$)来计算水平方向的跳变数，即当前值相邻位线上数值的变换数之和。程序运行结束后，根据总线能耗公式，采用水平变换和垂直变换计数器的值作为计算因子得出总线能耗。需要注意的是，程序运行中捕捉到的总线传输值是以二进制形式存在的，当计算四值总线能耗时，需要对值进行转换。对于二进制总线和多值总线能耗的计算，除了要把二进制总线数值转换成以 r 为基数的形式，如图 5.10(b)灰色部分，其他都是一样的(本书采用的四值总线，$r=4$)。

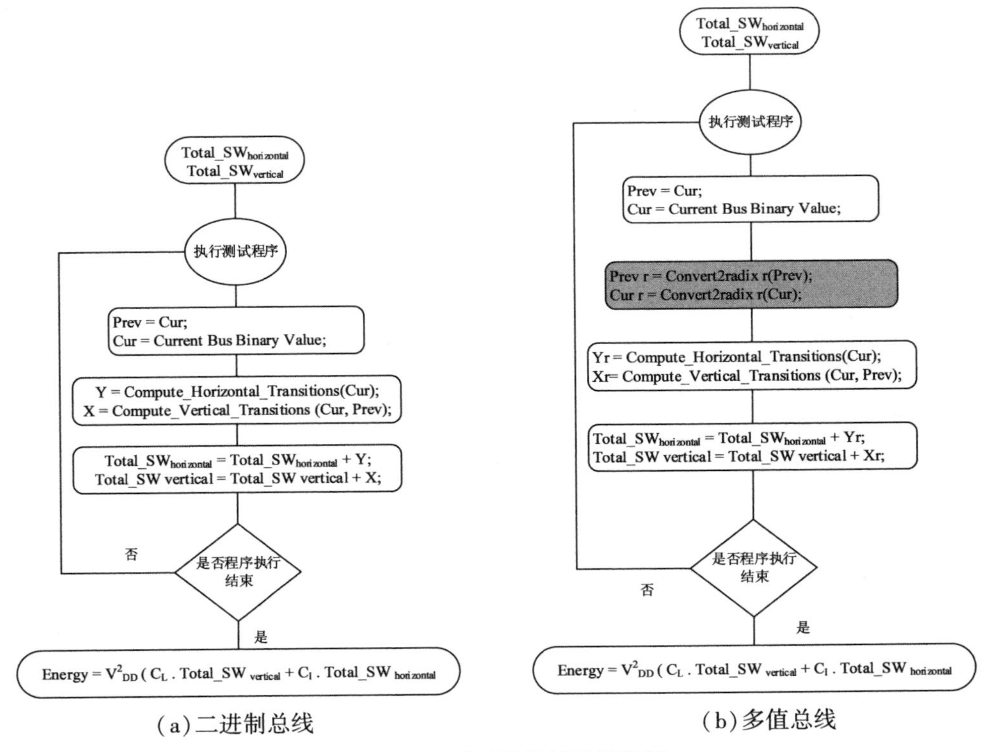

(a)二进制总线　　(b)多值总线

图 5.10　实时总线能耗计算流程

第 5 节　实验及结果分析

一、实验环境及测试程序

采用本章第 2 节的多核结构平台，系统中具有 6 个包含 5 级流水线的有序(in-order)处理核{c_1，c_2，…，c_6}；L1 和 L2 缓存均采用 LRU 替换策略；连接 L2 缓存和核的总线为支持 IABA 策略的实时总线；每个核上分配一个硬实时任务；在 Archimulator 模拟器中二进制数据总线的宽度为 32 位，对应的四值总线为 16 位，具体参数见表 5.4。考察对象的工艺尺寸为 70nm，在 Archimulator 模拟器上运行测试程序，假定测试程序的指令已预置在指令缓存，数据已预置在数据缓存。最后使用 Cadence 和 HSPICE 评测了引入的代价开销。

表 5.4　实验参数表

参数	值	参数	值
耦合参数 λ	5	L2 bank 数	4
时钟频率	500MHz	bank 大小	1kB
供电电压 V_{DD}	1.2V	每个 bank 的 column 数	8
对地电容	0.3pF	每 column 大小	128B
核数	6	L2 bank 相连度	4 路
每核 IL1、DL1 大小	64B	L2 缓存行大小	32B
L1 相连度	2 路	L2 访问时间 L_M	4 cycles
L1 缓存行大小	8B	总线访问时间 L_B	2 cycles
L1 访问时间	1cycle	二进制总线宽度	32
L2 大小	4kB	四值总线宽度	16

实验中选用了 Mälardalen WCET 测试程序集中的 6 个测试程序，各测试程序均设为硬实时任务。为了确定各测试程序所需的 L2 缓存 column 数，使用 Chronos 获取了各测试程序的 L2 缓存访问次数并估算了各程序在不同的 L2 缓存大小下的 WCET 值，各程序访问 L2 缓存次数和 WCET 估算值及所分配的 L2 缓存大小，见表 5.5。在表中，缓存大小用 $n \times N_{col}$ 的形式表示，n 表示需要的 column 数，N_{col} 表示每个 column 大小，如"7×128B"表示 7 个 column，$N_{col}=128$ 字节，共 896 个字节。

表 5.5　不同 L2 缓存尺寸下的 WCET 估值和访存次数（单位：cycle）

缓存大小	insertsort	select	cnt	bsort100	expint	compress
1x128B	27930	127930	134836	210514	19469	89509
2x128B	21985	84985	86295	204359	18797	62568
3x128B	16914	79414	81318	170270	18797	53156
4x128B	16914	79042	81318	146886	18797	53156
5x128B	16914	67201	97318	149594	18797	53156
6x128B	16914	69073	97318	141906	18797	53156
7x128B	16914	69073	66937	140614	18797	53156
8x128B	16914	69073	66937	131760	18797	53156
9x128B	16914	69073	66937	144342	18797	53156
10x128B	16914	69073	66937	104571	18797	53156
11x128B	16914	69073	66937	99386	18797	53156
12x128B	16914	69073	66937	99386	18797	53156
13x128B	16914	69073	66937	99386	18797	53156
14x128B	16914	69073	66937	99386	18797	53156
15x128B	16914	69073	66937	99386	18797	53156
16x128B	16914	69073	66937	99386	18797	53156
分配大小	3x128B	5x128B	7x128B	11x128B	2x128B	3x128B
L2 访问次数	1163	976	1677	2479	2013	1426

二、UBD 优化效果及对系统性能的影响分析

对于本书介绍的这组测试程序，当采用相关文献提出的核数界定法计算冲突延迟上限时，$UBD=(N_{hrt}-1)\cdot L_M=20$。使用算法 5.2 优化 TLM 关系可获取更小的 UBD 值，解空间具有 720 个 TLM 关系，UBD 的值落在区间[10，20]内，最小的 UBD 值为 10，比核数界定法得出的 20 有了显著改善。一个具有最小 UBD 值 10 的 TLM 关系，如表 5.6 所示，对应的核序列为(c_4，c_2，c_1，c_5，c_6，c_3)。其中冒号“:”前的值表示核到 bank 的映射关系，后面的值表示任务到 column 的映射关系。例如，第 4 行“1：7”表示 MinCtoBMapping[3][4]=1，MinTtoColMapping[3][1][4]=7。

表 5.6　一个具有最小 UBD 的 TLM 关系

测试程序	核	$bank_1$	$bank_2$	$bank_3$	$bank_4$
insertsort	c_1	0：0	0：0	1：3	0：0
select	c_2	0：0	1：5	0：0	0：0
cnt	c_3	0：0	0：0	0：0	1：7
bsort100	c_4	1：8	1：3	0：0	0：0
expint	c_5	0：0	0：0	1：2	0：0
compress	c_6	0：0	0：0	1：3	0：0

1. 对任务 WCET 的影响分析

为评估 TLM 法经算法 5.2 优化后，比 LC 法对系统延迟的改善和性能提升效果，本文使用 Chronos 估算了在两种不同 UBD 值和缓存划分方式下，各硬实时任务的 WCET 估值。估算结果如图 5.11 所示，图中估算结果都是相对于该任务的请求不遭受冲突时的估值。其中，“TLM”表示采用表 5.5 所示的 TLM 关系分配共享缓存，并使用对应的最小 UBD 值作为输入，估算出的 WCET 值；“LC”表示采用 columnization 方式分配共享缓存，并使用核数界定法得到的 UBD 值作为输入，估算出的 WECT 值。图中最后一列给出了所有测试程序的平均情况。

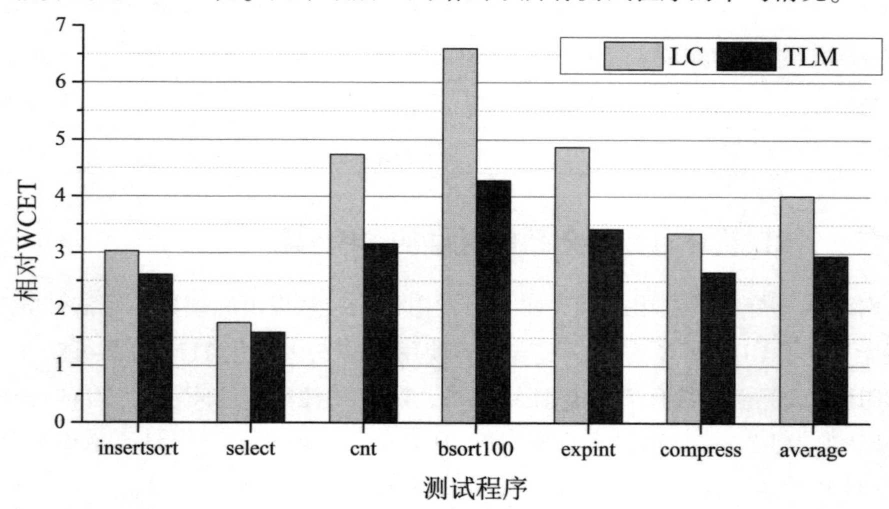

图 5.11　不同方法下 WCET 估算值对比

由图 5.11 可知，无论采用优化后的 TLM 法还是 LC 法，各任务的 WCET 估值，都较任务请求不遭受冲突时有了不同程度的增大。这样的结果符合预期和实际情况，因为当任务请求遭受冲突时，WCET 估值必然会增大。并且与 LC 法相比，采用优化后的 TLM 法可取得更小的 WCET 估值，减小的比例约为 26%。

2. 对任务执行时间的影响分析

分别以 LC 法和优化后的 TLM 法得到 L2 缓存划分方式、UBD 值和 WCET 估值作为基础，对核进行 L2 缓存分配和任务在核上的分配，运行测试程序考察两种方法对程序执行时间的影响。图 5.12 给出了采用优化后的 TLM 法较 LC 法，使各测试程序执行时间降低的比例。由图可知，在采用优化后的 TLM 法时，各测试程序执行时间得到了不同程度的减少，平均减少了约 12%，其中，bsort100 的执行时间减少的比例最大，减少了约 17.6%，而 select 的执行时间减少的最小，减少了约 4.7%。以上结果表明，优化后的 TLM 法较 LC 法可有效加快程序运行速度，提高系统性能。这是因为，TLM 的共享缓存划分方法，能够实现 bank 在核间的灵活分配，优化 TLM 关系可有效减小请求的冲突延迟上限，进而减少了 WCET 估值，增加了任务的可调度性。而且硬实时任务访问 L2 缓存次数越多，执行时间减少的越明显。例如，bsort100 访问 L2 缓存的次数最多，它的执行时间减少比例最大，而 select 访问 L2 缓存的次数较少，其执行时间减少比例也较小。

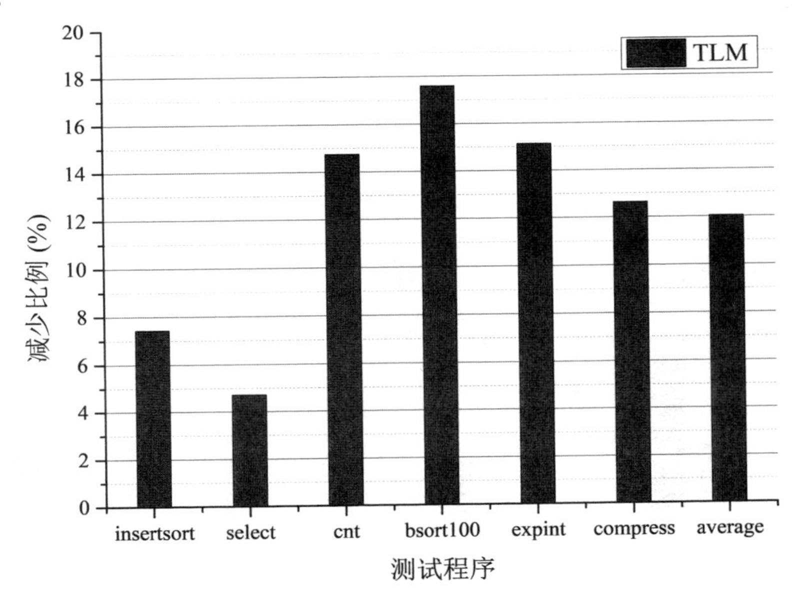

图 5.12　优化的 TLM 较 LC 法减少的执行时间比例

综上所述，使用合适的共享缓存划分技术，一方面可减小访存冲突发生的机会及 WCET 估值，减少任务的执行时间，确保硬实时任务顺利执行；另一方面

WCET 估值的减小和任务执行时间的减少，可改善任务的可调度性，提高资源利用率，提升系统性能。同时任务执行时间的减少，也会降低与任务执行时间密切相关的总线静态能耗。

三、节能设计对位变换的影响分析

根据实时总线上的传输值，对二进制总线和四值总线的变换数及能耗进行了评估。图 5. 13 显示了采用 LDWQ 方法后，总线上水平变换数和垂直变换数减少的百分比(以二进制总线为参考基准)。其中 HD 表示水平变换数，VD 表示垂直变换数。从图 5. 13 可以看出，与组合概率预测分析的一致，所有四值总线模型下的垂直变换数均优于二进制总线上的垂直变换数。对于本组测试程序，除了 select 仅减少了 0. 86% 之外，四值总线都减少了较多的水平变换数。实验结果也证实了之前的理论推断：在采用四值总线后，垂直变换数总是优于二进制总线的垂直变换数，而水平变换数则因程序而异，但对于大多数应用而言，四值总线的使用都会给水平变换数带来正的收益。而测试程序 select 在水平变换数上基本与二进制总线的持平，这是因为 select 运行过程中，二进制水平变换数占优的数值对出现的频率，与四值水平变换数占优的数值对出现的频率相近。但从大多数测试程序表现出的特性仍可以推测，LDWQ 方法可有效降低总的变换数，从而实现实时总线节能。

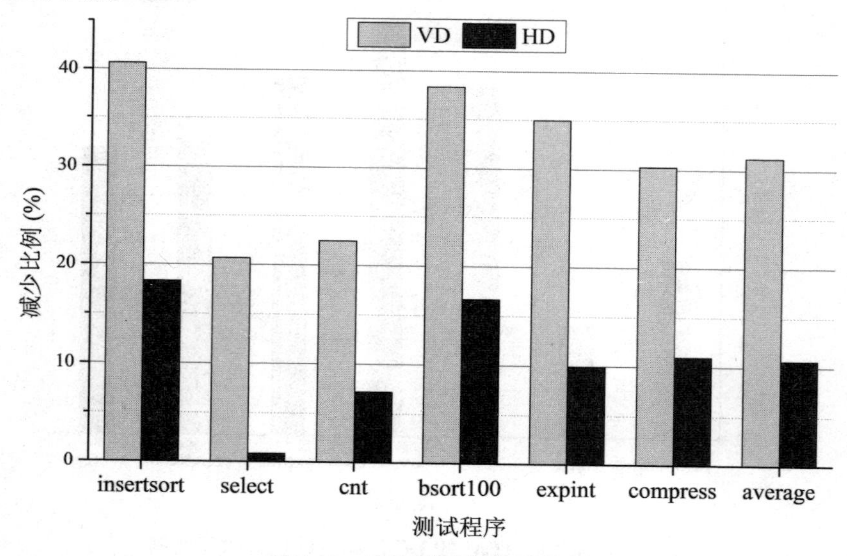

图 5. 13　变换数减少比例对比

四、节能优化效果分析

讨论完LDWQ方法对变换数的影响，下面论述LDWQ方法对实时总线能耗的影响。针对二进制实时总线、基本四值实时总线和采用LDWQ方法下的宽位线间距的四值实时总线模型，可按图5.10中的能耗计算过程，分别采用公式(5.11)、(5.14)和(5.17)计算总线能耗。图5.14显示了片上实时总线在采用不同措施后的节能效果对比(以二进制总线为参考基准)。其中E_ Q表示采用基本四值总线(未改变位线间距)降低的能耗比例，E_ WQ表示采用LDWQ方法(增大位线间距后)降低的能耗比例。在未改变位线间距时，基本四值总线降低的平均能耗比例约为11.8%，即在保持二进制总线位线间距时，四值总线较二进制总线仍能降低11.8%的能耗。只是对于其中的一个测试程序select，仅使其总线能耗减少1.32%，这和它的水平变换数直接相关。从图5.13可以看出select水平变换数降低的比例较小，所以会导致其四值总线节能有限。当位线间距增大后，位线间耦合电容会显著降低，这也降低了总线水平变换对整个总线能耗的影响。这也可从图5.14的结果中得到验证，LDWQ方法可使实时总线的能耗平均降低29.65%。经HSPICE评测，四值转换电路模块和控制线引入的平均能耗占比约为5.8%(已包含在上述节能数据中)。经Cadence对设计电路的评测，四值逻辑转换模块引入的面积代价约为2500μm^2。

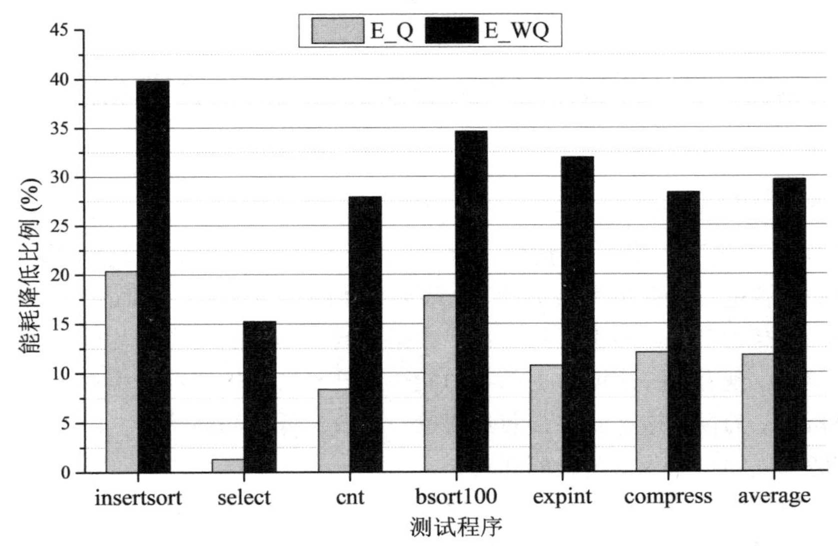

图5.14　采用不同措施后节能效果对比

综上所述，本文提出的LDWQ方法，在引入较小代价下，实现了有效的低延迟高性能的片上实时数据总线动态能耗优化。

第6章　基于混合频繁值缓存和多编码的总线节能方法

本章重点研究DSM工艺下受耦合电容影响的嵌入式片上数据总线节能问题。根据总线上数据值的特征，充分挖掘值的局部性，设计了基于混合频繁值缓存的多核结构，提出了一种基于混合频繁值缓存和多编码的节能方法。该方法利用混合频繁值缓存降低频繁完整值和频繁高位值的变换数，并通过多编码结构感知非频繁值和非频繁低位值的变换数大小，自动选择变换数最小的编码，有效降低了总线上与动态能耗相关的自变换和耦合变换，从而实现了总线能耗优化。利用测试程序进行了模拟实验验证，结果表明：所提方法与频繁值编码和多编码方法相比，均可有效降低总线能耗；与不采取措施相比，在引入较小负载情况下，平均降低了约22%的总线能耗，并且在未来工艺尺寸持续下降、耦合电容持续变大的趋势下依然有效。

第1节　受耦合电容影响的总线节能概述

一、引言

在DSM工艺下，工艺尺寸的下降增加了总线串扰，使线间耦合电容(不相邻位线间的耦合电容很弱可忽略不计)远高于对地的自身电容，从而使来自耦合电容的功耗远高于自身电容引起的功耗。数据总线的动态能耗在芯片能耗中占的比重越来越大，现有研究表明片上总线的能耗，已与来自处理器和缓存等主要部件的能耗相当。为发挥嵌入式多核芯片简单、高效、低功耗的特点，降低片上数据总线的能耗成为目前急需解决的问题。

频繁值编码是一种有效的总线节能技术。它利用值的局部性，在总线两端各增加一个频繁值缓存用于存放频繁值，每个值对应一个位置索引。发送端在发送数据值之前，对频繁值缓存进行搜索，当命中该值时，只发送其在频繁值缓存中的索引，并用一位指示线提示接收端所收到的数据是原值还是索引。对于频繁值，总线上仅传输它的索引，若传输值中频繁值所占比例较大，则可大幅减少总线上的变换数和通信量以实现总线节能。然而，此方法要求频繁值缓存具有较高的命中率，即频繁值在传输值中占有较高比例，如果频繁值缓存的命中率较低将影响节能效果。特别对于片上总线而言，为节省片上面积，频繁值缓存容量受限，存放的频繁值个数也会较少。而且片上位线间距越来越小，耦合电容随之增大，由耦合电容产生的能耗不断增加，远超自身电容产生的能耗。在这种情况下，仅使用频繁值缓存已不能取得理想的节能效果。

频繁值编码在优化片上总线能耗时具有如下不足：

(1)片上受限的面积决定了频繁值缓存容量不宜太大，降低了频繁值缓存的命中率，削弱了总线节能效果；

(2)未能充分利用传输值的局部性特征，除去频繁值缓存中存放的值，仍有大量的部分值存在较高的局部性；

(3)对总线上传输的非频繁值未做处理，当频繁值缓存中值的个数较少时，总线节能效果不明显。

同时，片上数据总线传输值中还有两类值值得关注：一类是具有较长的高位部分，只有较短低位部分不同的值；另一类是相同高位部分不连续出现，低位部分具有很强相关性(产生较多的耦合变换)的值。这两类值在传统频繁值编码中都不被关注，但是传输它们时也会产生大量位变换，不利于总线节能。此外，由于频繁值缓存容量有限，存放的频繁值数目较小，所以在传输值中占比最大的仍然是非频繁值。由上述两类特殊值和非频繁值产生的位变换，尤其是耦合变换造成的能耗比较可观，需要进一步优化处理。

设总线宽度为 w，把总线上的传输值按出现频率从高到低排序，将位数与总线宽度相同的前 n 个值，即出现频率最高的前 n 个值，称为频繁完整值，其他值称为非频繁值；将非频繁值中，出现频率最高的前 n 个高 m 位，称为频繁高位值($m<w$)，与其对应的低($w-m$)位部分，称为非频繁低位值。

例如，对于包含5个16进制数的一组值：

{V1=0x3ffff 111，V2=0x3ffff 333，V3=0x3ffff 555，V4=0x3ffff 777，V5=0x12345 999}

由于V1，V2，V3，V4的高20位3ffff在这组数据中出现的频率最高，故称3ffff为频繁高位值，与其对应的低12位：111，333，555，777均称为非频繁低位值。

针对频繁值编码存在的问题，本章设计了一种基于混合频繁值缓存和多编码的片上数据总线节能方法HFVCMC(Hybrid Frequent Value Cache Multi-Coding)，该方法利用混合频繁值缓存处理频繁完整值和频繁高位值，并自动感知未被缓存的非频繁低位值和非频繁值的位变换大小，自动选择编码方式，使传输值的变换距离(自身变换数和耦合变换数之和)最小，实现最大程度的总线节能。主要贡献如下：

(1)设计了附带总线节能措施的嵌入式多核结构；

(2)根据传输值的特征，进一步挖掘了值的局部性，优化措施涵盖了传输值中的频繁完整值、频繁高位值、非频繁低位值和非频繁值；

(3)设计了 HFVCMC 方法的编解码结构，优化了控制指示线，并通过算法论述了节能方法的工作原理；

(4)研究了 HFVCMC 方法在工艺尺寸进一步下降时的有效性。

二、相关工作

总线节能技术被应用到设计的不同层次上，物理层的解决方案主要是位线尺寸优化，屏蔽和中继器的插入，电压调节等。其他技术集中在数据链路层面，通过减少总线位线上的变换数和总线上的数据通信量来实现，主要以编码技术为主。根据总线的不同类别，又可分为针对地址总线的编码和针对数据总线的编码。前者，主要有 T0 编码、工作区编码和格雷码及它们的改进版本等，由于地址按顺序存放，这些编码措施可大幅降低总线上的变换数，实现地址总线的高效节能。后者，主要有翻转码及其相关编码，频繁值编码及其相关编码等，由于数据总线上的数据规律性较差，前后数据关联性差，适用于地址总线的编码并不能给数据总线带来大的节能收益。

现有数据总线节能技术中，由 Stan 等人提出的总线翻转码是最早用来优化数据总线能耗的编码。在翻转码中为减少总线上传输值的变换数，当待发送值与前一个值相比有超过半数的数据位同时要翻转时，发送该值的反码，否则发送原值，并用指示线指示。这样可有效减少总线上的变换数，减少电容量，降低总线能耗。在基本翻转码的基础上，相关学者又提出了奇/偶位翻转码、分区翻转码、移位翻转码等扩展形式。Zhang 等人提出了奇/偶数位翻转码的方法来减少总线能耗，该方法根据数据特征，只翻转奇数位或偶数位来降低变换数。这些编码技术结构简单，引入负载低，对数据总线节能都有一定的效果。但是单独采用一种编码方式会引起不活跃或不相关的位线发生不必要的翻转，使节能效果降低。由于数据特征随应用的不同和应用的不同阶段而变化，单一的编码方式不足以满足总线节能最大化的需求。其他的编码，如局部编码及其改进技术，串行通信中的翻转码，避免串扰的数据编码等，用于优化总线能耗也取得了不同的效果，但它们的结构复杂引入的负载较大。为此，本章在进一步减少变换数时，引入了奇偶翻转码方法，该方法结构简单自身能耗低，同时可以有效降低变换数，如果选用结构复杂的编码，其自身的能耗将抵消从编码获得的节能收益。

另一方面，从值的局部性出发，利用频繁值进行总线能耗优化是另一个热门方向。Yang 等人提出了利用线下的优化算法，动态检测频繁值的频繁值编码（FVE）技术，用于片外总线能耗的优化。Liu 等人根据值的局部性提出了片上总线能耗优化的方法，该方法利用通信值缓存存放频繁值，以减少总线上发送的数据量和变换数降低片上总线能耗。Suresh 等人在频繁值缓存基础上提出了 FV-MSB 片外数据总线节能编码方法，该方法在 FVE 的基础上增加了额外缓存，进一步降低了变换数，优化了片外数据总线能耗。但 FV-MSB 方法对于受耦合电容影响的片上数据总线节能效果不理想，特别对于频繁值覆盖率较低的应用，或非频繁值产生较大变换数的应用，或程序运行过程中频繁值变化比较大的应用等。为解决这些问题，需要设计可优化这些类应用的节能措施，以增强节能措施的适用范围。

与第 4 章的总线模型不同，本章主要研究受耦合电容影响的片上数据总线动态能耗优化问题。虽然第 4 章提出的 DMFI 节能措施对于不受耦合电容影响的片上数据总线效果明显，但对于本章总线模型，使用 DMFI 方法进行总线能耗优化获得的效果大打折扣，具体的节能数据见表 6.1。δ_0 表示不受耦合电容影响的总线能耗减少比例，δ 表示受耦合电容影响的总线能耗减少比例，后缀表示的含义与第 4 章第 4 节相同。由表 6.1 可知，针对不受耦合电容影响的总线模型，DMFI4 方法节能效果显著，平均降低能耗超过 26%，而对于受耦合电容影响的总线模型，DMFI4 方法可平均降低约 11% 的总线能耗，其他方法的节能效果更差。这表明，使前一种总线模型取得较好效果的节能方法，对于本章总线模型的节能效果不够理想。这是由于在本章总线模型中，耦合电容引起的能耗在总线能耗中占主导地位，而 DMFI 方法未考虑耦合电容带来的能耗影响。为此，需要针对受耦合电容影响的总线模型设计新的节能方法。

表 6.1　采用不同措施后的节能数据(%)

($\lambda=5$)	δ_0_ BI	δ_0_ DMFI4	δ_0_ DMFI8	δ_ BI	δ_ DMFI4	δ_ DMFI8
dijkstra	15.09	31.84	29.59	7.35	14.73	13.79
stringsearch	12.46	30.57	28.86	6.76	12.39	11.8
susan	16.57	40.02	38.71	8.57	16.34	15.63
rijndael	4.34	11.31	9.82	1.92	6.03	5.81
qsort	15.02	34.04	30.4	6.81	13.16	12.22

（续表）

$(\lambda=5)$	δ_0_ BI	δ_0_ DMFI4	δ_0_ DMFI8	δ_ BI	δ_ DMFI4	δ_ DMFI8
mst_ ht	5.75	18.67	17.62	2.41	6.77	6.41
em3d_ ht	6.25	20.21	18.87	3.13	9.72	8.96
average	10.78	26.67	24.84	5.28	11.31	10.66

第2节　嵌入式多核结构与总线能耗模型

一、具有总线节能措施的嵌入式多核结构

本章采用的基于总线连接的嵌入式多核结构如图6.1所示。该结构具有 n 个同构处理核，每个处理核具有第一级私有指令缓存（IL1）和数据缓存（DL1），各处理核共享使用第二级缓存（L2 cache），各级缓存为包含式缓存。片上处理核之间及核与缓存间采用总线互连结构，这种共享带宽的总线交换方式在内核不多时，比其他交换方式更有优势。数据总线被不同核的L1交替使用，从而达到访问共享L2的目的。各处理核的L1 cache和L2 cache通过HFVCMC节能模块分别挂接在数据总线上，使每一个核都能够和L2 cache相连（HFVCMV模块结构在6.5节中介绍）。当来自不同核的访问请求，同时访问L2 cache时将会产生冲突，这时需要相应的仲裁机制来选择访问顺序，以保证数据的一致性。总线控制器采用TDMA调度协议，调度多个处理核对总线的访问请求。为保证数据一致性，采用了第4章第2节基于目录的MSI协议。

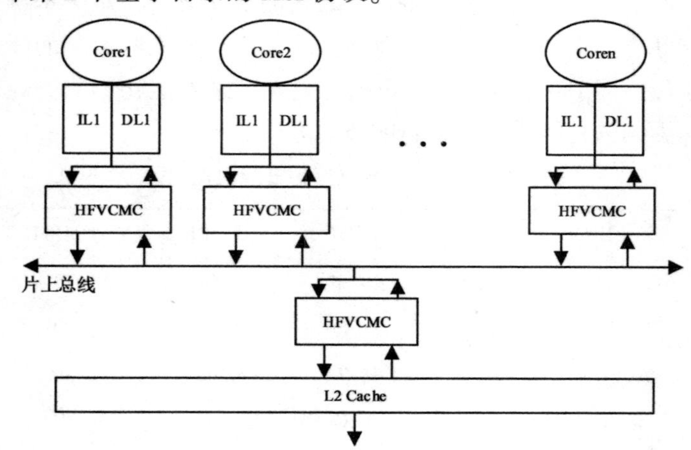

图6.1　HFVCMC措施下的嵌入式多核结构

二、总线能耗模型

数据总线动态能耗主要来源于传输 0、1 数据时，电平变换引起的链路电容的充放电。本章研究的对象是 DSM 工艺下受耦合电容影响的总线模型，如第 2 章第 2 节图 2.3(b) 所示，总线共有 n 条并行位线，链路电容除了自身对地自电容 C_L，还包括位线间耦合电容 C_I，耦合参数 $\lambda = C_I/C_L$。根据耦合参数取值与工艺尺寸的变化关系，对于不同的工艺尺寸，λ 的取值不同，工艺尺寸越小，λ 的值越大。耦合电容 C_I 是相邻位线同时发生跳变时而耦合产生的电容，由它产生的能耗在总线能耗中占据主导地位。因此，在构建总线动态能耗模型时，需要包含这两部分电容引起的能耗。

根据第 2 章第 2 节公式(2.5)片上总线动态能耗 E 可表示为公式(6.1)。其中，X 为总的垂直距离(垂直变换数)，表示程序运行期间总线各位线上，相邻周期前后数据的自变换数之和，用公式(6.2)计算；$X_{i,t}$ 表示位线 i 上从第 t 个周期到第 t+1 个周期时的自身变换数，传输数据位 a 由 0 变到 1 或从 1 变到 0 时，$X_{i,t}$ 为 1，否则为 0，即 $X_{i,t} = a_i^t \cdot a_i^{t+1}$；$Y$ 为总的水平距离(耦合变换数)，表示程序运行期间同一周期内位线间的耦合电容，引起的耦合变换数之和，用公式(6.3)计算；$Y_{(j,j+1),t}$ 表示从第 t 个周期到第 t+1 个周期时相邻位线 j 和 j+1 之间的耦合变换数，它的取值如表 6.2 所示。n 表示传输数据的位线数，T 表示传输数据的周期数。

$$E = V_{DD}^2 \cdot C_L \cdot (X + \lambda \cdot Y) \tag{6.1}$$

$$X = \sum_{i=1}^{n} SW_i = \sum_{i=1}^{n} \sum_{t=1}^{T-1} X_{i,t} \tag{6.2}$$

$$Y = \sum_{j=1}^{n-1} SW_{j,j+1} = \sum_{j=1}^{n-1} \sum_{t=1}^{T-1} Y_{(j,j+1),t} \tag{6.3}$$

记片上总线上与能耗相关的总变换距离为 D_{enc}，采用公式(6.4)计算。

$$D_{enc} = X + \lambda \cdot Y \tag{6.4}$$

由公式(6.1)和公式(6.4)可知，使总线能耗 E 最小，即求解 min(E)的问题，可转化为求解 min(D_{enc})使总变换距离 D_{enc} 最小的问题。

表 6.2　位线间耦合变换的取值

$Y(j,\ j+1)$		位线 j 在第 $t \to t+1$ 周期时			
		0→0	0→1	1→0	1→1
位线 $j+1$ 在第 $t \to t+1$ 周期时	0→0	0	1	0	0
	0→1	1	0	2	0
	1→0	0	2	0	1
	1→1	0	0	1	0

第 3 节　HFVCMC 总线节能方法设计与实现

为实现片上数据总线动态能耗优化，本文充分挖掘传输数据的特征，设计了基于混合频繁值缓存和多编码(HFVCMC)的节能方法。HFVCMC 方法为了充分利用值的局部性，使用混合频繁值缓存存放频繁完整值和频繁高位值，同时使用多编码(MC)结构感知非频繁值和非频繁低位值的变换数，并由它根据变换数大小进行自动编码处理。

一、HFVCMC 设计

增加节能模块的多核结构如图 6.1 所示，在每个核的 L1 缓存端增加 1 个 HFVCMC 模块，L2 缓存端增加 1 个 HFVCMC 模块，对于具有 n 个核心的多核结构共增加 $n+1$ 个节能模块。每个 HFVCMC 模块，在功能上可分成编码结构和解码结构两部分，在结构上由混合频繁值缓存(HFVC)和多编码结构(MC)构成。

HFVC 由存放频繁完整值的频繁值缓存 FVC 和存放频繁高位值的频繁高位值缓存 FHBC 组成，采用内容地址存储器(CAM)结构。为了便于搜索 FVC 和 FHBC，需要将待发送的值先使用掩码处理，使它们与 HFVC 中的缓存值在长度上相匹配，具体为 32 位完整值需要 32 位掩码，m 位高位值需要 m 位掩码。结合第 3 章设计 FVC 时的分析，本章为减少硬件复杂性，减少措施本身引入的延迟和能耗代价，在 HFVCMC 结构中，每个 HFVC 存放的值和值在其中的位置(索引)都相同，并在程序运行期间保持不变，每个 HFVC 中存放 4 个频繁完整值(FVC 中)和 4 个频繁值高位部分值(FHBC 中)。存放值的个数是根据片上面积受限和应用的频繁值覆盖率确定的，均为全局频繁值。

由于 HFVC 容量空间受限，存放值的个数很少，程序中会存在大量非频繁值无法在 HFVC 中命中，这些非频繁值和非频繁低位值，如果不加处理，也会引起大量的位变换，造成可观的总线能耗。为此，本文引入由四种编码方式，即原码、翻转码、奇数位翻转码和偶数位翻转码构成的多编码 MC 结构，负责对未存在 HFVC 中的非频繁低位值和非频繁值进行自动处理，进一步减少变换数。对于进入 MC 编码器的数值，编码器根据公式(6.4)计算变换距离大小，自动确定编码方式对数值进行编码，同时生成编码代号发送至接收端。最后由选择逻辑生成编码指示信号 F_ signal，并选择在总线上传输的编码值。FVC 和 FHBC 与第 4 章第 3 节的 FVC 具有相同的结构电路。

在 HFVCMC 方法的设计中还需要解决两个问题，即指示信号线配备和 FHBC 中值的宽度 m。下面分别论述这两个问题。

(1)缩减指示信号线

频繁值指示信号线用于指示传输的值是否为频繁值及频繁值来自 FHBC 还是来自 FVC，使接收端可以正确处理接收到的值。在 FVC 中需要一条指示信号线，指示接收端接收到的值是否为频繁完整值。而 FHBC 可看作是 FVC 的缩小版，为使接收端对来自 FHBC 中的值正确解码，同样也需要一条指示线。这样，如果使用两位指示信号线，势必增加能耗损失和片上面积代价。为避免额外代价，只使用一位指示信号线 F_ signal 指示传输的是否为频繁值。当 F_ signal 为高，表示传输的值为频繁值(完整值或部分值)，此时，总线上传输的编码值必然至少有一部分是该值在 HFVC 中的索引。当值在 FVC 中时，总线上传输的完全为索引；当值在 FHBC 中时，总线上传输的一部分为索引，另一部分为编码器输出的编码值。因此，当传输频繁值时，总线上传输的编码值占用的位线数必小于总线宽度。假设 HFVC 中存放值的个数 $v=v_1+v_2$，v_1 为 FVC 中值的个数，v_2 为 FHBC 中值的个数，设 FHBC 中存放值的位数为 m，只需满足 $v<=2^m$ 就可以利用总线高位位线传输频繁值索引，根据索引值的不同即可确定传输的频繁值是来自 FVC 还是 FHBC。其中，$v<=2^m$ 也是确定 m 值的必要条件。

因此，结合使用数据高位位线，收发双方仅使用一条指示信号线，即可区分频繁值和非频繁值及频繁值的来源。当 F_ signal 置 1 时表示频繁值，置 0 时表示非频繁值，并且利用总线高位位线传输的索引值，来确定频繁值是来自 FVC 还是 FHBC。而在 MC 编码器中需要指示非频繁低位值或非频繁值采用的编码方式，由于 MC 结构包含四种编码方式，所以需要 2 位编码指示信号线。这样，HFVCMC 方法以数据总线节能最大化为目标，把指示信号线从 4 条缩减至 3 条，分别为一条指示频繁值的信号线和两条指示多编码方式的信号线。

(2)m 值的确定

对于 m 的取值，如果 m 取较小的值，FHBC 的命中率会较高，但是每次命中带来的收益较小，即减少的变换数较小，而如果 m 取较大的值，FHBC 的命中率会较低，但是每次命中带来的收益较大，即减少的变换数较大。

对 FHBC 中存放值的位数 m 和值的选择，需要根据它们能带来的节能收益来决定。由于片上面积受限，FHBC 中存放值的个数不宜太多，并且要满足 $v=v_1+v_2<=2^m$，可采用第 3 章的分析方法确定 HFVC 中值的个数，设定 $v_1=v_2=4$，则此时 $m>\log_2 v(=3)$。

直观上看，m 越小 FHBC 的命中率越高。通过前面的论述可知，更高的命中率不一定总能带来更少的变换数。虽然较大的 m，将导致命中率的下降，但是命中带来的收益将可能增加。通过对 Mibench 和 Olden 测试程序集中的 7 个测试程序进行实验，验证了这点。当 FHBC 中存放 4 个宽度为 m 的频繁高位值，m 的值以 2 为步长从 2 到 30 变化时，得到的 FHBC 平均命中率和减少的平均总变换距离比例，分别如图 6.4 和图 6.5 所示。由图可知，命中率随着 m 增大而逐渐减小。这与之前直观的认为更小的 m 会带来更高的命中率是一致的。同时，FHBC 中值的位数越少捕获的局部性就越小，这一点可以在引起的变换距离变化上得到体现。图 6.5 显示了相同的测试程序和配置下，总变换距离减少的比例。与期望的一致，更高的 FHBC 命中率并不总能带来更少的总变换距离。因此，需要找到一个可使平均总变换距离减少最多的点。从图 6.5 中可看到 m 取 20 时，FHBC 命中率虽然不高，但是可使编码的总变换距离收益最大，并且满足条件 $v_1+v_2=8<2^m$，因此，FHBC 中存储的频繁高位值位数 m 取 20。

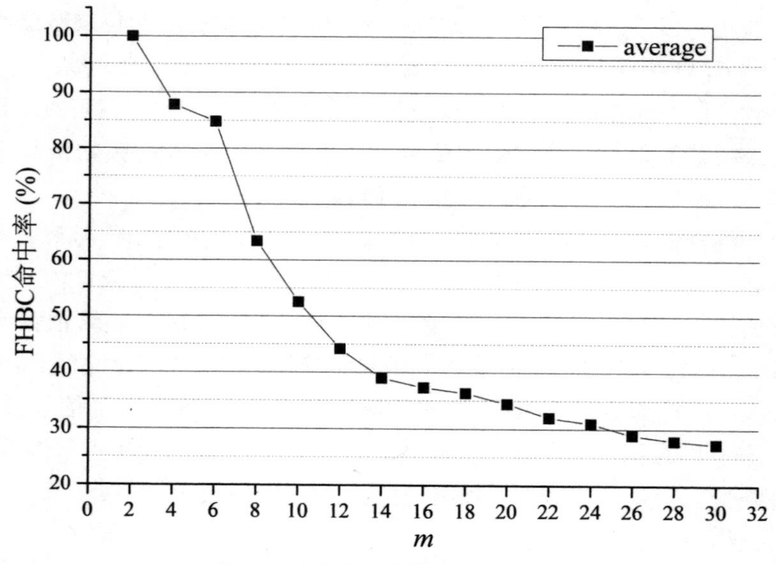

图 6.4　不同 m 下的 FVC 命中率

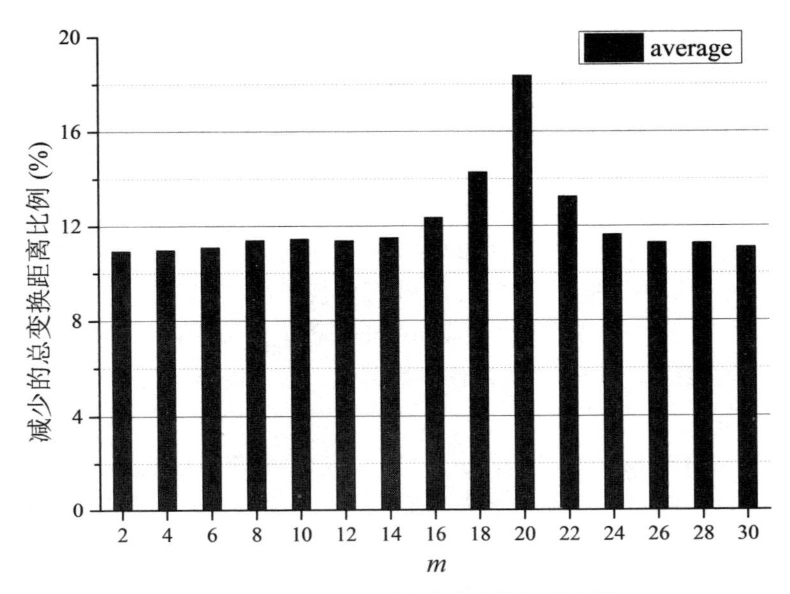

图 6.5　不同 m 下减少的总变换距离比例

二、HFVCMC 编码

令$B^j=(b_n^j, b_{n-1}^j, b_{n-2}^j, \cdots, b_1^j)$表示第 j 个周期，在宽度为 n 的总线上传输的数据值，$B^{(j-1)enc}$ 表示第 j-1 个周期在总线上传输的编码数据值。MC 中的四种编码方式分别为原始编码、翻转码编码、奇数位翻转码编码和偶数位翻转码编码。记值的原始编码$B^{(org)}$，编码代号为“00”；原始值的反码为翻转码编码 $B^{(inv)}$，编码代号“01”；原始值奇数位取反为奇数位翻转码 $B^{(odd)}$，编码代号“10”；原始值偶数位取反为偶数位翻转码 $B^{(evn)}$，编码代号“11”(注，为讨论方便并不失一般性，本文中数据值从左侧开始计数，即最左侧第 1 位为奇数位，左起第 2 位是偶数位，依次类推)。两位编码指示线用于传递编码代号，指示解码器正确解码。采用函数 $ST\_{}_n$(d1，d2)计算两个数据位数为 n 的数据间的垂直距离，采用函数 $CT\_{}_n$(data)计算位数为 n 的数据值的水平距离。用M_d 表示本次传输编码数据的最小变换距离。

HFVCMC 编码工作原理可用算法 6.1 表示，图 6.6 给出了 HFVCMC 编码结构，其中 FVC 和 FHBC 构成混合频繁值缓存(HFVC)，FVC 用于存放频繁完整值，FHBC 用于存放频繁高位值，即值的高 m 位。发送端传输数据前首先搜索 HFVC，使用掩码对值处理后进入 HFVC 中，为减少延迟对 FVC 和 HFVC 进行并行搜索，将有 4 种搜索结果，分别讨论如下：

(1)仅在 FVC 中命中。此时用值在 FVC 中的索引代替原值发送至多路选择器。

(2)在 FVC 和 FHBC 中同时命中。此时 FVC 有更高的优先级，因为它能减少更多的变换距离，此时用值在 FVC 中的索引代替原值发送至多路选择器。

(3)仅在 FHBC 中命中。由于 FHBC 中存放的是频繁高位值，此时根据命中情况，获取频繁高位值在 FHBC 中的索引，对应的非频繁低位值进入 MC 编码器(MC Encoder)，编码器根据公式(6.4)计算变换距离 D(见算法 6.2)，自动选择使变换距离 D 最小的编码方式，生成非频繁低位值的编码值，随后与在 FHBC 中的频繁高位值的编码进行逻辑或操作，最后送入选择器，同时生成采用的编码代号 MC_ codenum。

(4)在混合频繁值缓存 HFVC 中未命中。数据值将直接进入 MC 编码器，编码器根据公式(6.4)计算变换距离 D(见算法 6.2)，自动选择使变换距离 D 最小的编码方式，把得到的编码值送入选择器，同时生成采用的编码代号 MC_ codenum。

最后选择逻辑根据编码方式的优先级，确定在总线上传输的编码值、指示信号及由 MC 编码器产生的编码代号。

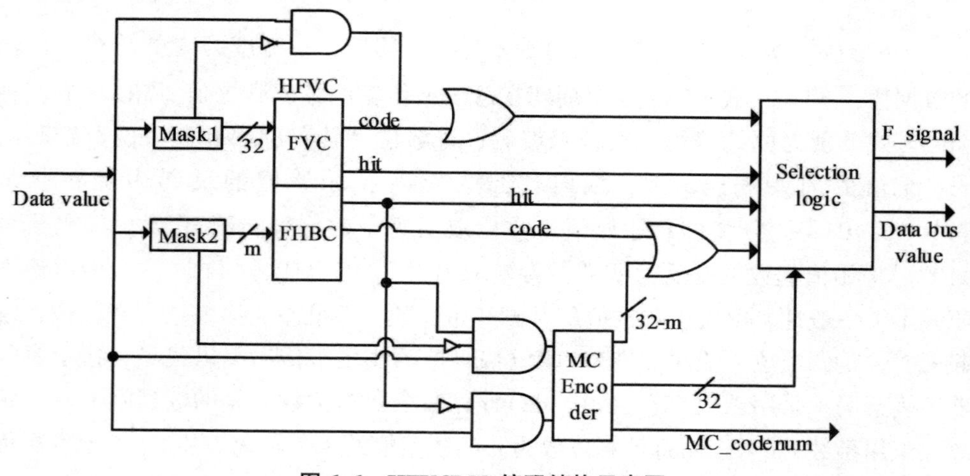

图 6.6　HFVCMC 编码结构示意图

算法 6.1：HFVCMC 编码算法

输入：original_ value，Mask，m；

输出：data_ bus_ value，MC_ codenum.

1. FOR each original_ value DO

```
2.    Search for original_ value in HFVC
3.    IF hit in HFVC THEN
4.          F_ signal←1;
5.       upper_ code←index for hit entry in HFVC
6.          IF upper_ code <= 3 THEN
7.             data_ bus_ value←upper_ code; //对应在 FVC 中命中
8.       ELSE
9.             lower_ original_ value←Mask AND original_ value; //对应仅在 FHBC 中命中
10.               lower_ code←MC(lower_ original_ value, 32-m);
11.             MC_ codenum←mc_ codenum;
12.             data_ bus_ value←upper_ code OR lower_ code;
13.         END IF
14.        ELSE
15.           data_ bus_ value←MC(original_ value, 32); //对应 HFVC 未命中
16.              F_ signal←0;
17. END IF
18.           END IF
19. END FOR
20. RETURN data_ bus_ value, MC_ codenum.
```

算法 6.2 为 MC 编码函数算法，根据公式(6.4)计算变换距离，并自动选择使变换距离最小的编码方式，最后返回编码值和采用的编码代号。

算法 6.2：MC 编码函数算法

输入：value，n;

输出：encoded_ value，mc_ codenum.

1. $B^{(org)} \leftarrow org(value)$;
2. $B^{(inv)} \leftarrow invert(value)$;
3. $B^{(odd)} \leftarrow odd\ invert(value)$;
4. $B^{(evn)} \leftarrow even\ invert(value)$;
5. $D_{org} \leftarrow ST\_{}_{n}(B^{(org)}, B^{(j-1)enc}) + \lambda * CT\_{}_{n}(B^{(org)})$;
6. $D_{inv} \leftarrow ST\_{}_{n}(B^{(inv)}, B^{(j-1)enc}) + \lambda * CT\_{}_{n}(B^{(inv)})$;
7. $D_{odd} \leftarrow ST\_{}_{n}(B^{(odd)}, B^{(j-1)enc}) + \lambda * CT\_{}_{n}(B^{(odd)})$;
8. $D_{evn} \leftarrow ST\_{}_{n}(B^{(evn)}, B^{(j-1)enc}) + \lambda * CT\_{}_{n}(B^{(evn)})$;
9. $M_{d} \leftarrow Min(D_{org}, D_{inv}, D_{odd}, D_{evn})$;

```
10. IF  M_d ==  D_org THEN
11. encoded_ value←B^(org);
12. mc_ codenum←00;
13. END IF
14 IF   M_d ==  D_inv THEN
15. encoded_ value←B^(inv);
16. mc_ codenum←01;
17. END IF
18. IFM_d ==  D_odd THEN
19. encoded_ value←B^(odd);
20. mc_ codenum←10;
21. END IF
22. IFM_d ==D_env THEN
23.    encoded_ value←B^(env);
24. mc_ codenum←11;
25. END IF
26. RETURN encoded_ value, mc_ codenum.
```

三、HFVCMC 解码

HFVCMC 解码结构如图 6.7 所示，其工作过程可用算法 6.3 表示。当传输频繁值时总线上传输编码值的高 k 位(文中 $k=3$)表示频繁值在 HFVC 中的索引；当传输非频繁值时，总线上所有位线传输的都是编码数据位。解码器接收到一个值后，首先判断频繁值指示信号 F_ signal，当 F_ signal 为 1 时，表明发送端发送的值为频繁值，解码器进一步根据总线前 k 位位线传输的值，来判断接收的值在 HFVC 中的位置。如果前 k 位值对应完整值索引，则从 FVC 中得到原值；如果前 k 位值对应频繁高位值索引，则从 FHBC 中取出值的高位部分，同时由 MC 解码器根据编码代号 MC_ codenum，得到原值的低位部分(如算法 6.4 所示)，然后与 FHBC 中得到的高位部分，进行或操作恢复出原值，完成解码。如果频繁值指示信号 F_ signal 为 0，则传来的值为非频繁值，直接由 MC 解码器根据编码代号得到原值，完成解码。

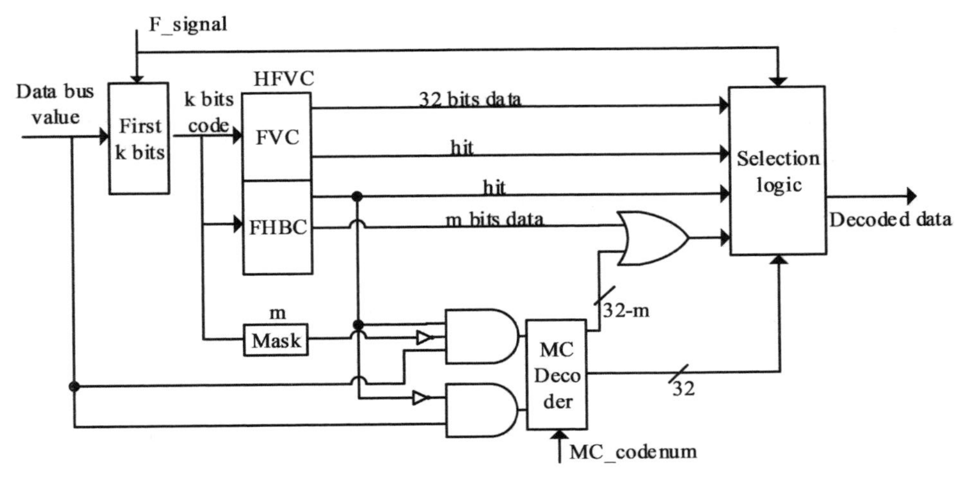

图 6.7　HFVCMC 解码结构示意图

算法 6.3：HFVCMC 解码算法

输入：data_ bus_ value，MC_ codenum；

输出：original_ value.

1. FOR each data_ bus_ value DO
2. IF F_ signal == 1 THEN
3. 　　upper_ code←upper_ code_ index[data_ bus_ value]；
4. IF upper_ code <= 3 THEN
5. 　　　original_ value←data[upper_ code]；
6. ELSE
7. 　　　lower_ data←UNMC(lower_ data_ bus_ value，MC_ code)；
8. 　　　upper_ data←data[upper_ code]；
9. 　　　original_ value←upper data OR lower_ data；
10. END IF
11. ELSE
12. original_ value←UNMC(data_ bus_ value，MC_ code)；
13. END IF
14. END FOR
15. RETURN original_ value.

算法 6.4 为根据编码代号解码的 MC 解码函数算法。

算法 6.4：MC 解码函数算法 UNMC(value, S)

```
输入：encoded _ value, mc_ codenum;
输出：original_ code.
1. IF   mc_ codenum = = 00 THEN
2.        original_ code←org(value);
3. END IF
4.    IF mc_ codenum = = 01 THEN
5. original_ code←invert(value);
6. END IF
7. IF mc_ codenum = = 10 THEN
8. original_ code←odd invert(value);
9. END IF
10. IFmc_ codenum = = 11 THEN
11. original_ code←even invert(value);
12. END IF
13. RETURN original_ code.
```

四、MC 结构

MC 编码结构如图 6.8 所示，当具有 n 位的输入数据同时进入 4 个不同的数据编码处理部件时，由这些部件生成 4 种编码数据，其中附加的后两位为编码指示位；接着这 $n+2$ 位 4 种编码数据被送入距离评估计算器，得到水平距离和垂直距离；随后得到的本次总距离被送入后面的距离比较器，由比较器选择总距离最小的编码数据$B^{j(enc)}$，作为数据值经 MC 处理后的编码值；同时根据采用的编码方式生成编码代号 MC_ codenum，并置位指示信号线。距离评估计算器主要由异或门和锁存器构成。MC 解码结构如图 6.9 所示，主要由 1 个 2-4 译码器和 4 个不同的解码线路构成，2-4 译码器的输入是编码指示线 a 和 b 传来的编码代号；译码后确定相应部件接收的数据有效，有效的解码部件解码后输出 n 位原始值，完成最后的解码。其中，buffer 部件缓存 n 位数据值并输出，Inverter 对数据取反后输出，Odd inverter 对奇数位取反后输出，同理 Even inverter 对偶数位取反后输出，这 4 个部件主要由反相器和异或门构成。

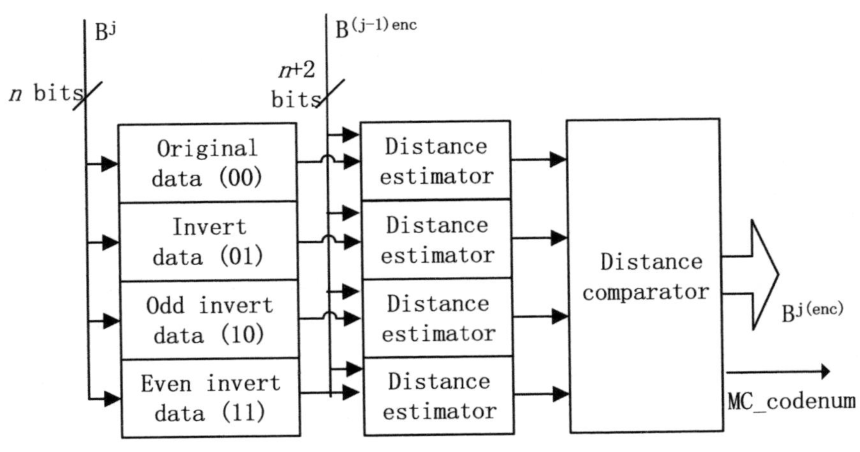

图 6.8　MC 编码结构示意图

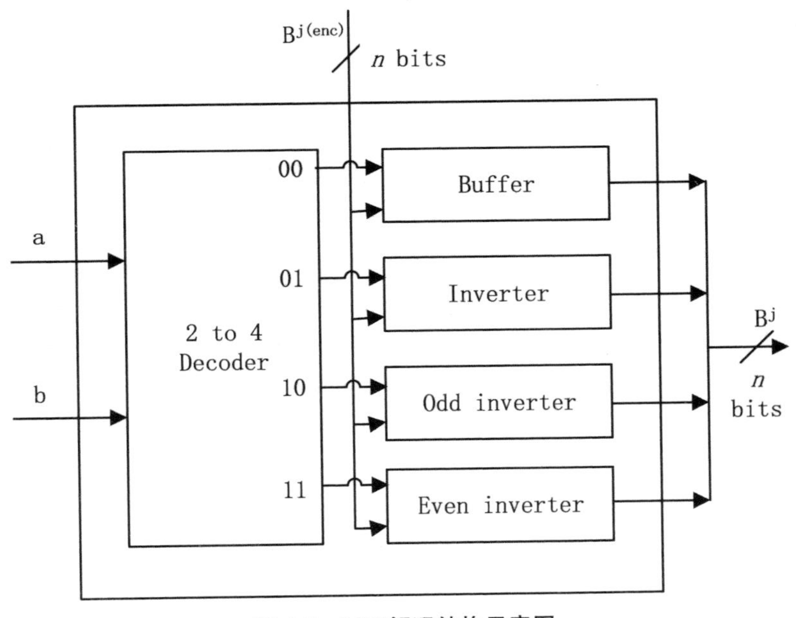

图 6.9　MC 解码结构示意图

五、HFVCMC 优化示例

以一个传输示例，说明 HFVCMC 的工作原理。表 6.4 显示了 4 个待发送值的编码情况，包括搜索 HFVC 命中与否的状态和各部分取值及总线上传输的编码值。

表 6.4 HFVCMC 优化编码示例

No.	Data value	FVC	FHBC(m=20)	MC	Index	Lower code	Data bus value
1	0x0FCD1234	hit	X	X	001	X	0x20000000
2	0x552E9D2A	miss	hit	1	101	0x87F	0xA000087F
3	0x003F5752	miss	miss	0	–	–	0x003F5752
4	0xFFFE5225	miss	miss	1	–	–	0x0001ADDA

假定 FVC 和 FHBC 中均存放 4 个值，即 HFVC 中存放 8 个值，传输频繁值时前 3 位(k=3)为索引。表 6.4 中编号为 1 到 4 的值是程序运行过程中，需要传输的 4 个值，"X"表示任意，"–"表示无。编码具体过程如下：第 1 个值 0x0FCD1234，恰好为 HFVC 中频繁完整值，存储在索引为 1 的位置(前 3 位表示索引)，搜索结果为 FVC 命中，存放 Index 为 001(高 3 位)，此时它的优先级最高，不需要考虑其他环节，直接生成总线上传输的编码数据 0x2000 0000；第 2 个值 0x552E9D2A，存储在索引为 5 的位置，此时只在 FHBC 中命中，存放 Index 为 101，低位部分 0xD2A 需要进入 MC 编码器进行多编码处理，经过 MC 编码器判定编码代号为 11，即需偶数位取反，取反后得到的低位值为 0x87F，从而总线上传输的编码数据为 0xA000087F。第 3 个值 0x003F5752 和第 4 个值 0xFFFE5225 在 FVC 和 FHBC 中都没命中，分别根据它们的编码代号 00 和 01 进行 MC 编码处理，得到总线上传输的编码值为原码和反码，分别为 0x003F5752 和 0x0001ADDA。表 6.5 显示了接收端的解码操作和各部分状态值及传输的原值。

由于接收端和发送端保有相同的 HFVC 数值和索引，并且 MC 结构解码和编码过程互逆，可以很容易根据编码过程得到解码过程及状态，解码结果如表 6.5 所示。

表 6.5 HFVCMC 优化解码示例

No.	Data bus value	FVC	FHBC	MC	Index	Lower bits	Operation	Data value
1	0x20000000	hit	X	X	001	X	Data[1]	0x0FCD1234
2	0xA000087F	miss	hit	11	101	0x87F	Data[5] Even invert	0x552E9D2A
3	0x003F5752	miss	miss	00	–	–	original	0x003F5752
4	0x0001ADDA	miss	miss	01	–	–	invert	0xFFFE5225

第 4 节　实验及结果分析

一、实验环境及测试程序

为验证 HFVCMC 方法对嵌入式片上总线节能的效果，在图 6.1 的结构下进行了模拟实验，表 6.6 列出了初始参数。为验证 HFVCMC 在不同情况下的节能效果，在实验中对其中的部分参数做了调整。针对变换距离和能耗等指标，通过实验与现有典型方法做了对比，其中的技术方法包括：F4 表示采用 FVE 存放 4 个频繁值；MC 表示采用多编码结构；F4MC 表示 F4 与 MC 的结合使用；HF4 表示使用混合频繁值缓存，且 FVC 和 FHBC 中均存放 4 个频繁值；HF4MC 表示本章提出的 HFVCMC 方法，FVC 和 FHBC 中均存放 4 个频繁值；此外，ORG 表示不采取任何措施时取得的结果。使用课题组开发的 Archimulator 模拟器对以上技术方法进行了实验，并结合使用 Cadence 和 HSPICE 评测了电路的面积开销和引入的自身能耗。

表 6.6　初始参数列表

参数	值	参数	值
耦合参数 λ	5	L2 大小	1MB
时钟频率	500MHz	L2 相连度	16 路
供电电压 V_{DD}	1. 2v	缓存行大小	64B
对地电容	0. 3pF	FVC	4 项，全相连
核数	4	FHBC	4 项，全相连
IL1、DL1 大小	32KB	HFVC 每次访问能耗	18. 6pJ
L1 相连度	4 路	总线宽度	32+3

本章选用了 Mibench 和 Olden 测试程序集中的 7 个测试程序，进行了实验验证。所有程序用 GCC 交叉编译为 MIPSII 可执行文件，为了减少程序设计时代码优化程度对应用性能的影响，使程序运行时尽量达到峰值，设置 GCC 优化选项为实现最佳优化的-O3 选项。

二、节能方法对变换距离的影响分析

由总线能耗模型可知，片上数据总线动态能耗在电压和自身电容不变的情况下，主要取决于耦合参数和总变换距离(水平距离与垂直距离之和)。本章重点研究 70nm 工艺下片上数据总线能耗，耦合参数 λ=5(为便于计算，不失一般性，取 λ 为整数)。在考察 HFVCMC 方法对变换距离影响时，对比了使用不同措施对垂直距离、水平距离和总变换距离的影响。图 6.10 展示了在 HF4MC 措施下，减少的垂直距离 VD 和水平距离 HD 的比例，其他措施下垂直距离和水平距离有相似的趋势。图 6.11 展示了使用不同措施，对总变换距离的影响，图中数据均以不采取措施时的变换距离为参考基准。

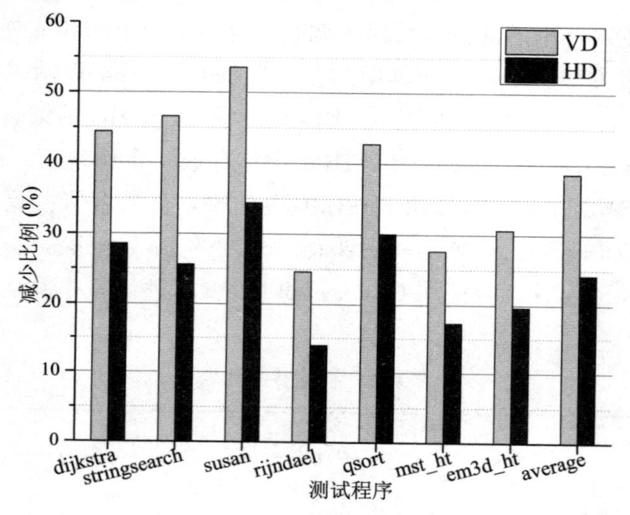

图 6.10　HF4MC 措施下变换距离减少比例

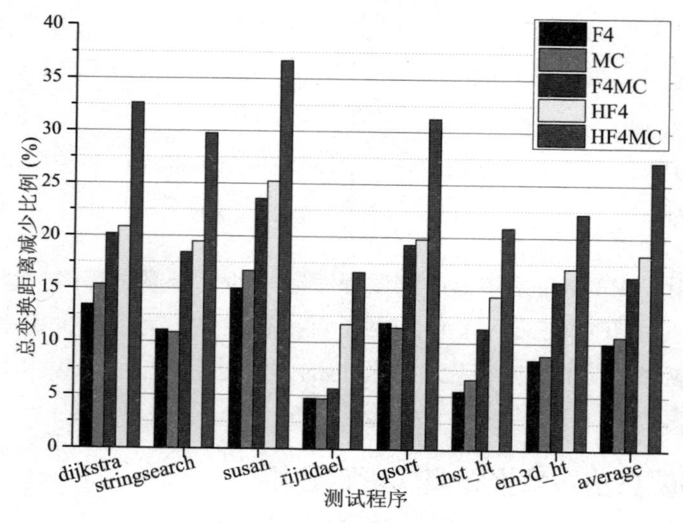

图 6.11　采用措施后总变换距离减少比例对比

由图6.10可以看出，在HF4MC方法作用下，各测试程序自身变换引起的垂直距离减少的幅度都比较大，平均减少约38%，而其水平变换引起的水平距离减少的相对较小，平均减少约24%。对比图6.10(深蓝色柱体)和6.11(红色柱体)可以看出，尽管它们对各测试程序的影响幅度不同，但趋势一致。这也说明了在受耦合电容影响的总线模型中，耦合电容产生的水平距离在总变换距离中占主导地位。由图6.11可以看出，各措施对总变换距离的效果表现不同，F4和MC比较接近，平均可使总变换距离减少10%左右；F4MC方法较前两者有了较大提高，减少的总变换距离最高可达23.6%(susan)，平均减少了约16%。这是因为F4MC方法结合了F4和MC的优点，F4通过MC对非频繁值的优化减少了水平距离，反过来MC通过F4对频繁值的优化同样减少了水平距离。而HF4比F4MC能使平均总变换距离减少的稍多，说明这组程序比起MC更能从频繁高位值中受益。而HF4MC在HF4基础上，进一步优化了非频繁值和非频繁低位值，这使得总变换距离得到进一步减少，最高减少幅度达36.7%(susan)，最低为16.6%(rijndael)，平均减少比例约为27%。由公式(6.1)和公式(6.4)可知，总线的动态能耗取决于总变换距离，虽然措施本身也会引入能耗代价，但基于HFVCMC方法对总变换距离的影响结果，仍然有理由相信HFVCMC方法可有效减少片上总线的动态能耗。将在下一小节中分析HFVCMC方法对总线能耗的影响。

三、节能优化效果分析

为考察HFVCMC对总线能耗的影响，通过实验比较了采用不同措施后的总线节能效果，并分析了不同工艺尺寸下，HFVCMC节能效果随λ变化的趋势。表6.7给出了70nm工艺下λ=5时，各措施下减少的总线能耗比例(均以不采取措施时的能耗为基准)。其中每种措施占3行，CONN表示线路能耗，F&C表示自身和控制负载能耗(负数表示增加的能耗比例)，每种措施数据的第3行，表示采用该措施实际减少的能耗比例。

为便于观察，图6.12给出了采用各措施后，实际减少的能耗比例对比，图中最后一组为平均值。由表6.7和图6.12可知，在各种措施下，减少的能耗比例与减少的总变换距离比例趋势相似，只是幅度不同。比如F4和MC平均减少的总线能耗约为7.5%，节能效果并不显著；提出的HF4MC方法与频繁值编码(F4)和多编码(MC)相比，可使总线能耗分别减少约14.7%和14.6%，说明这两种方法忽略了一些可被开发的值的局部性；F4MC、HF4和HF4MC平均减少的总线能耗分别为11.81%、13.65和22.09%，说明进一步挖掘值的局部性后，节能效果得到了提升。节能效果普遍低于减少的总变换距离效果，是因为措施本身引入的负载能耗抵消了部分节能收益。HF4MC 方法节能效果显著的原因是，利用混合频繁值缓存兼顾挖掘了频繁完整值和频繁高位值具有的局部性，同时多编码结构充分利用各编码特点，对非频繁低位值和非频繁值做了进一步处理，可自动选择使总变换距离最小的编码方式，两种优势的叠加，有效降低了总线上的总变换距离。需要注意的是，HFVC 存放的频繁值并不多，因为存放更多的值，将增加额外的硬件单元，使其自身能耗增加，会抵消掉更多的节能收益，而且加大片上面积负载，基于同样的原因多编码结构也相对简单。

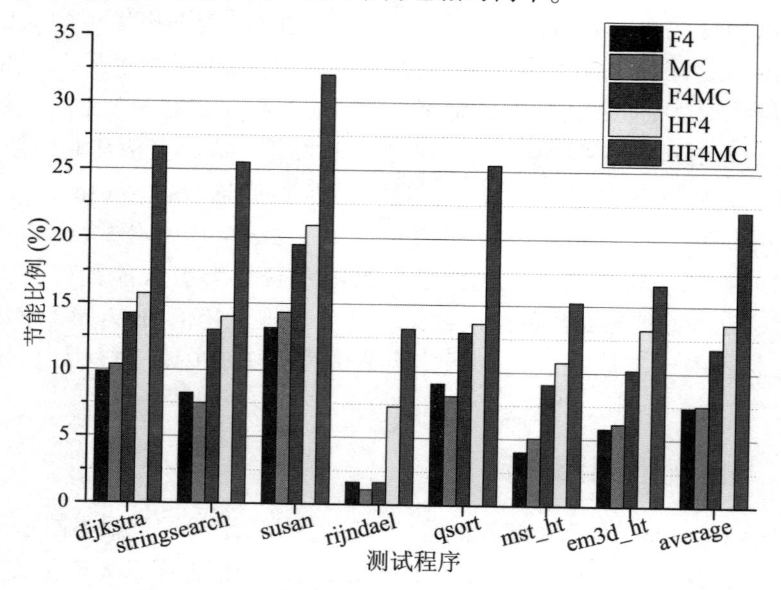

图 6.12　采用不同措施后实际能耗降低比例对比

由第二章第节图 2.4 耦合参数取值与工艺尺寸变化关系可知，随着工艺尺寸的减小 λ 将增加，并且增加的幅度越来越大，而 λ 的大小又直接影响总变换距离。为考察 HFVCMC 方法随 λ 的变化对总线节能的影响，本文对不同的 λ 取值进行了实验。图 6.13 示出了采用 HF4MC 时，节能效果随 λ 变化的趋势。λ 取值从 0 到 10(在不影响结论的情况下，为讨论方便本文取 λ 为整数，实际工艺中 λ 不一定为整数)，这样可以涵盖当前及今后一段时间内，主要工艺尺寸下的耦合参数取值。

在 HF4MC 措施下各测试程序运行时，片上总线平均减少的能耗比例随 λ 变化的趋势，如图 6.13 所示。这里的节能数据，包含了措施本身引入的负载能耗。$\lambda=0$，表示不考虑位线间耦合电容影响时的节能效果。由图可知，当 $\lambda=0$ 时，

HF4MC 方法平均可减少约 30% 的总线能耗。节能效果较好，因为此时总线能耗主要取决于垂直距离，说明该方法可有效降低垂直距离。随着 λ 增大，位线间耦合电容开始产生并逐步在电容中占据主导地位；水平距离也随之增大并在总变换距离中占据主导，总线能耗逐渐取决于水平距离。节能方法取得的总线节能效果，也与水平距离在总距离中的占比紧密相关。由公式 6.4 可知，总变换距离与水平距离并不是线性关系，这也决定了使用 HFVCMC 方法，取得的总线节能效果随 λ 变化的趋势。从 λ=1 开始，随 λ 增大 HFVCMC 方法减少的能耗比例可较快地增加；当 λ=5 时，平均减少了约 22% 的总线能耗，此后随 λ 增大节能效果略有提升，提升的幅度逐渐减小并趋于稳定；当 λ=10 时，平均减少了约 23% 的总线能耗。这也表明 HFVMC 方法适合工艺尺寸减小、λ 不断增大的趋势，对未来工艺尺寸下嵌入式多核片上总线节能依然有效。

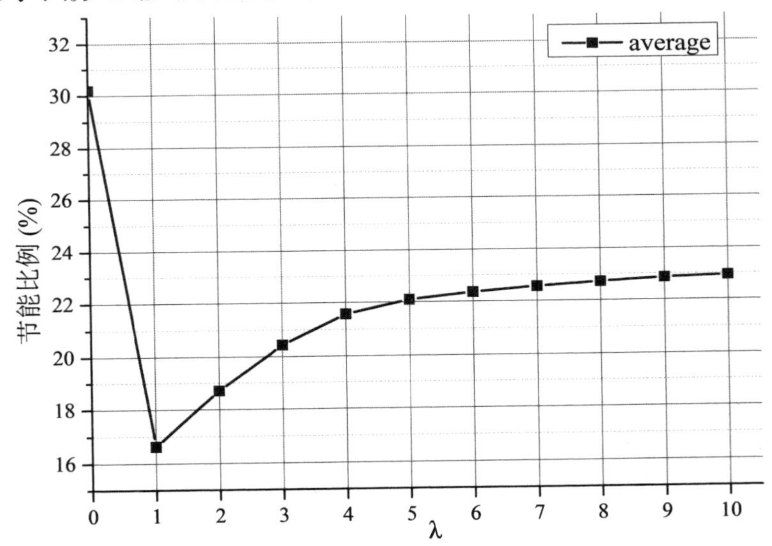

图 6.13　能耗减少比例随 λ 变化的趋势

参考文献

[1] C. Yu, P. Petrov. Low-cost and energy-efficient distributed synchronization for embedded multiprocessors [J]. IEEE Transactions on Very Large Scale Integration Systems, 2010, 18(8): 1257-1261.

[2] H. Noori, F. Mehdipour, K. Inoue, et al. Improving performance and energy efficiency of embedded processors via post-fabrication instruction set customization [J]. The Journal of Supercomputing, 2012, 60(2): 196-222.

[3] T. C. Xu, C. Thomas, et al. An efficient dynamic energy-aware application mapping algorithm for multicore processors [C]. Sixth International Conference on Digital Information Processing and Communications, IEEE, 2016: 119-124.

[4] K. Li. Improving multicore server performance and reducing energy consumption by workload dependent dynamic power management [J]. IEEE Transactions on Cloud Computing, 2016, 4(2): 122-137.

[5] M. Boettcher, G. Gabrielli, B. M. AI-Hashimi, et al. MALEC: a multiple access low energy cache[C]. Proceedings of the Conference on Design, Automation and Test in Europe, 2013: 368-373.

[6] A. Chakraborty, H. Homayoun, A. Khajeh, et al. Multicopy cache: A highly energy-efficient cache architecture [J]. ACM Transactions Embedded Computer System, 2014, 13(5): 1-27.

[7] Y. Y. Tsai, C. H. Chen. Energy-efficient trace reuse cache for embedded processors [J]. IEEE Transactions on Very Large Scale Integration Systems, 2011, 19(9): 1681-1694.

[8] M. Guan. Improving performance and energy efficiency of on-chip memory systems [J]. Uspekhi Mat Nauk, 2014, (2): 89-110.

[9] S. Mittal, C. Yanan, Z. Zhao. MASTER: A multicore cache energy-saving technique using dynamic cache reconfiguration [J]. IEEE Transactions on Very Large Scale Integration Systems, 2014, 22(8): 1653-1665.

[10] B. K. Kaushik, D. Agarwal, N. G. Babu. Bus encoder design for reduced

crosstalk, power and area in coupled VLSI interconnects [J]. Microelectronics Journal, 2013, 44(9): 827-833.

[11] A. Sathish, M. M. Latha, K. L. Kishore, et al. Energy efficient encoding technique for data-bus in DSM technology [C]. International Conference on Signal Processing, Communication, Computing and Networking Technologies, IEEE, 2011: 490-492.

[12]M. Kamal, S. Koohi, S. Hessabi. GPH: A group-based partitioning scheme for reducing total power consumption of parallel buses [J]. Microprocessors & Microsystems, 2011, 35(1): 68-80.

[13]N. Jafarzadeh, M. Palesi, A. Khademzadeh, et al. Data encoding techniques for reducing energy consumption in network-on-chip [J]. IEEE Transactions on Very Large Scale Integration Systems, 2014, 22(3): 675-685.

[14] G. N. Babu, D. Agarwal, B. K. Kaushik, et al. Power and crosstalk reduction using bus encoding technique for RLC, Modeled VLSI Interconnect [M]. Trends in Network and Communications. Springer Berlin Heidelberg, 2010: 424-434.

[15]J. Lee. On-chip bus serialization method for low-power communications [J]. ETRI Journal, 2010, 32(4): 540-547.

[16] S. Hong, U. Narayanan, K. S. Chung, et al. Bus - invert coding for low - power I/O - a decomposition approach [C]. Proceedings of the IEEE Midwest Symposium on Circuits and Systems, IEEE Xplore, 2000: 750-753.

[17]M. R. Stan, W. P. Burleson. Bus-invert coding for low-power I/O [J]. IEEE Transactions on Very Large Scale Integration Systems, 1995, 3(1): 49-58.

[18] P. Marwedel. Embedded system design: embedded systems foundations of cyber-physical systems [M]. Second edition, Embedded Systems, Springer Publishing Company, Incorporated, 2010: 10-12.

[19]F. , Kluge, M. Schoeberl, T. Ungerer. Support for the logical execution time model on a time-predictable multicore processor [J]. ACM Sigbed Review, 2016, 13(4): 61-66.

[20]张铭泉，古志民等．基于频繁交换值的多核交叉开关节能方法[J]．北京理工大学学报，2015，35(11)：1146-1151.

[21]W. Wang, P. Mishra. System-wide leakage-aware energy minimization using dynamic voltage scaling and cache reconfiguration in multitasking systems [J]. IEEE

Transactions on Very Large Scale Integration Systems, 2012, 20(5): 902-910.

[22]N. Tiwari, U. Bellur, S. Sarkar, et al. CPU frequency tuning to improve energy efficiency of map reduce systems [C]. IEEE International Conference on Parallel and Distributed Systems, IEEE Computer Society, 2016: 1015-1022.

[23]K. Mohammad, A. Kabeer, T. M. Taha, et al. Off-chip bus power minimization using serialization with cache-based encoding [J]. Microelectronics Journal, 2016, 54: 138-149.

[24]X. Yang, J. H. Andrian. A high-performance on-chip bus (MSBUS) design and verification [J]. IEEE Transactions on Very Large Scale Integration Systems, 2015, 23(7): 1350-1354.

[25]B. M. Shankaranarayana, D. Y. Jahnavi. Universal rotate invert bus encoding for low power VLSI [J]. International Journal of VLSI Design & Communication Systems, 2012, 3(4): 97-109.

[26]Zhang JZ. Reducing inter-task interference delay by optimizing bank-to-core mapping [C]. 2015 IEEE 34th International Performance Computing and Communications Conference, IPCCC 2015.

[27]K. C. Cheng, J. Y. Jou. A code generation algorithm of crosstalk-avoidance code with memory for low-power on-chip bus [C]. IEEE International Symposium on VLSI Design, Automation and Test (VLSI-DAT 2008), IEEE Xplore, 2008: 172-175.

[28]Y. J. Kim, B. J. Seok, H. S. Jung, et al. A voltage bus conditioner with reduced capacitive storage [C]. International Conference on Electrical Machines and Systems, IEEE, 2009: 1-6.

[29]D. Song, J. Kim. A low-power high-radix switch fabric based on low-swing signaling and partially activated input lines [C]. International Symposium on VLSI Design, Automation and Test, 2013: 1-4.

[30]多核共享缓存的bank冲突分析及其延迟最小化[J]，张吉赞，古志民，计算机学报，2016，39(9)：1883-1899.

[31]P. Axer, R. Ernst, H. Falk, et al. Building timing predictable embedded systems [J]. ACM Transactions on Embedded Computing Systems, 2014, 13(4): 1-37.

[32]M. Cai. Archimulator [EB/OL]. http://github.com/mcai/Archimulator/.

[33]X. F. Li, Y. Liang, T. Mitra, et al. Chronos: A timing analyzer for

embedded software [J]. Science of Computer Programming, 2007, 69(1): 56-67.

[34] X. Li, A. Roychoudhury, T. Mitra. Modeling out-of-order processors for WCET analysis [J]. Real-Time Systems, 2006, 34(3): 195-227.

[35] Cadence[EB/OL]. https: //www. cadence. com/.

[36] HSPICE[EB/OL]. https: //www. synopsys. com/verification/ams-verification/circuit-simulation/hspice. html.

[37] Delay analysis and optimization for inter-core interference in real-time embedded multicore systems[J]. Gan, Zhihua, Zhang, Mingquan, Gu, Zhimin, Tan, Hai, Zhang, Jizan Journal of Parallel and Distributed Computing(JPDC). 2017, 103(5): 77-86.

[38] J. Gustafsson, A. Betts, A. Ermedahl, et al. The Mälardalen WCET benchmarks: past, present and future [C]. International Workshop on Worst-Case Execution Time Analysis (WCET 2010), DBLP, 2010: 136-146.

[39] C. E. Lin, C. C. Li, C. C. Wu, et al. A real time GPRS surveillance system using the embedded system [C]. Industrial Electronics Society (IECON 2003), IEEE Xplore, 2012: 1228-1234.

[40] D. D. Gajski, S. Abdi, A. Gerstlauer, et al. Embedded system design [J]. Electrical Engineering Mathematics & Computer Science, 2015, 5(11): 68-74.

[41] R. Pierdicca, D. Liciotti, M. Contigiani, et al. Low cost embedded system for increasing retail environment intelligence [C]. IEEE International Conference on Multimedia & Expo Workshops, IEEE, 2015: 1-6.

[42] I. Agirre, M. Azkarate-Askasua, A. Larrucea, et al. A safety concept for a railway mixed-criticality embedded system based on multicore partitioning[C]. IEEE International Conference on Computer and Information Technology; Ubiquitous Computing and Communications; Dependable, Autonomic and Secure Computing; Pervasive Intelligence and Computing, IEEE, 2015: 1780-1787.

[43] S. H. Kim, H. L. Sang, M. Jun, et al. Energy efficient synchronization for embedded multicore systems [J]. IEEE Transactions on Computers, 2014, 63(8): 1962-1974.

[44] C. Y. Lin, C. B. Kuan, J. K. Lee. Compilers for low power with design patterns on embedded multicore systems [J]. Journal of Signal Processing Systems, 2015, 80(3): 277-293.

[45] T. Naruko. Reducing energy consumption of NoC by router bypassing [C]

. ACM International Conference on Supercomputing, ACM, 2014: 173-173.

[46] S. Mittal, Y. Cao, Z. Zhang. MASTER: A multicore cache energy-saving technique using dynamic cache reconfiguration [J]. IEEE Transactions on Very Large Scale Integration Systems, 2014, 22(8): 1653-1665.

[47] H. Rezaei, S. A. Moghaddam. Low-swing self-timed regenerators for high-speed and low-power on-chip global interconnects [C]. Iranian Conference on Electrical Engineering, 2016: 188-192.

[48] S. Singha, G. K. Mahanti. Optimization of delay and energy in on-chip buses using bus-encoding technique [J]. International Journal of Computer Applications, 2013, 86(12): 7-12.

[49] N. Jafarzadeh, M. Palesi, A. Khademzadeh, et al. Data encoding techniques for reducing energy consumption in network-on-chip [J]. IEEE Transactions on Very Large Scale Integration Systems, 2014, 22(3): 675-685.

[50] A. Sathish, M. M. Latha, K. Lalkishor. An efficient switching activity reduction technique for on-chip data bus [J]. International Journal of Computer Science Issues, 2011, 8(4): 407-413.

[51] S. K. Verma, B. K. Kaushik. Bus encoder design for crosstalk and power reduction in RLC modelled VLSI interconnects [J]. Journal of Engineering, Design and Technology, 2015, 13(3): 486-498.

[52] J. Lee, H. Kim, M. Shin, et al. Mutually aware prefetcher and on-chip network designs for multi-cores [J]. IEEE Transactions on Computers, 2014, 63(9): 2316-2329.

[53] Y. Guo, S. Li, W. Qu. Verification of on-chip multi-core processor: Challenges, status, forecasts [J]. Journal of Computer-Aided Design & Computer Graphics, 2012, 24(12): 1521-1532.

[54] H. Zhao, O. Jang, W. Ding, et al. A hybrid NoC design for cache coherence optimization for chip multiprocessors [C]. Proceedings of the 49th Annual Design Automation Conference (DAC 2012), ACM/EDAC/IEEE, 2012: 834-842.

[55] B. Halak. Partial coding algorithm for area and energy efficient crosstalk avoidance codes implementation [J]. IET Computers & Digital Techniques, 2013, 8(2): 97-107.

[56] Minimizing Bank Conflict Delay for Real-Time Embedded Multi-core systems via Bank Mapping. Smart Computing and Communication. Gan Zhihua, Zhang

Mingquan, Gu Zhimin, Zhang Jizan, Springer International Publishing, 2016: 12-21.

[57] D. C. Suresh, B. Agrawal, J. Yang, et al. A tunable bus encoder for off-chip data buses [C]. International Symposium on Low Power Electronics and Design, DBLP, 2005: 319-322.

[58] M. Dalui, B. K. Sikdar. An efficient test design for CMPs cache coherence realizing MESI protocol [C]. International Conference on Devices, Circuits and Systems, 2012: 718-722.

[59] M. Dalui, B. K. Sikdar. An efficient test design for CMPs cache coherence realizing MESI protocol [M]. Progress in VLSI Design and Test. Springer Berlin Heidelberg, 2012: 89-98.

[60] H. Altwaijry, D. S. Alzahrani. Improved-MOESI cache coherence protocol [J]. Arabian Journal for Science and Engineering, 2014, 39(4): 2739-2748.

[61] K. Karmarkar, S. Tragoudas. On-chip codeword generation to cope with crosstalk [J]. IEEE Transactions on Computer-Aided Design of Integrated Circuits and Systems, 2014, 33(2): 237-250.

[62] H. Matsutani, M. Koibuchi, D. Ikebuchi, et al. Performance, area, and power evaluations of ultrafine-grained run-time power-gating routers for CMPs [J]. IEEE Transactions on Computer-Aided Design of Integrated Circuits and Systems, 2011, 30(4): 520-533.

[63] A. Alsuwaiyan, K. Mohanram. An offline frequent value encoding for energy-efficient MLC/TLC non-volatile memories [C]. Edition on Great Lakes Symposium on VLSI, ACM, 2016: 403-408.

[64] K. Mohammad, A. Kabeer, T. Taha. On-chip power minimization using serialization-widening with frequent value encoding [J]. VLSI Design, 2014, 2014(1): 6-19.

[65] Y. R. Peng, B. K. Woong, Y. Park, et al. Design, packaging, and architectural policy co-optimization for DC power integrity in 3D DRAM [C], Design Automation Conference (DAC 2015), 52nd ACM/EDAC/IEEE, 2015: 1-6.

[66] M. A. Yan, B. Gong, Z. Guo, et al. Energy-aware scheduling of parallel application in hybrid computing system [J]. Chinese Journal of Electronics, 2014, 23(4): 688-694.

[67] W. X. Wang, P. Mishra. System-wide leakage aware energy minimization

using dynamic voltage scaling and cache reconfiguration in multitasking systems [J]. IEEE Transactions on Very Large Scale Integration Systems, 2012, 20(5): 902-910.

[68] Chiu, Ching - Te, Huang, Wen - Chih, Lin, Chih - Hsing, et al. Embedded transition inversion coding with low switching activity for serial links [J]. IEEE Transactions on Very Large Scale Integration Systems, 2013, 21(10): 1797-1810.

[69] J. Z. Zhang, Z. M. Gu, M. Q. Zhang. Reducing the upper bound delay by optimizing bank - to - core mapping [J]. Journal of Computer Science & Technology, 2016, 31(6): 1179-1193.

[70]所光，杨学军. 面向多线程多道程序的加权共享 Cache 划分 [J]. 计算机学报，2008，31(11)：1938-1947.

[71] K. Sivakumaran, A. Siromoney. Priority based yield of shared cache to provide cache QoS in multicore systems [J]. International Journal of Parallel Programming, 2016: 1-23.

[72] Reducing the Upper Bound Delay by Optimizing Bank-to-Core Mapping[J], Ji-Zan Zhang, Zhi-Min Gu and Ming-Quan Zhang, Journal of Computer Science and Technology (JCST), 2016, 31(6): 1179 - 1193.

[73] E. Zaitseva, V. Levashenko. Multiple-valued logic mathematical approaches for multi-state system reliability analysis [J]. Journal of Applied Logic, 2013, 11(3): 350-362.

[74] M. H. Moaiyeri, R. F. Mirzaee, A. Doostaregan, et al. A universal method for designing low-power carbon nanotube FET-based multiple-valued logic circuits [J]. IET Computers & Digital Techniques, 2013, 7(4): 167-181.

[75] E. Ozer, R. Sendag, D. Gregg. Multiple-valued logic buses for reducing bus energy in low-power systems [J]. IEE Proceedings Computers and Digital Techniques, 2006, 153(4): 270-282.

[76] Worst Case Energy Consumption Minimization based on Interference Analysis and Bank Mapping in Multicore Systems [J]. Gan, Zhihua, Gu, Zhimin, Tan, Hai, Zhang, Mingquan, Zhang, Jizan, International Journal of Distributed Sensor Networks (IJDSN), 2017 13(2).

[77] M. K. Yoon, J. E. Kim, and L. Sha. Optimizing tunable WCET with shared resource allocation and arbitration in hard real-time multicore systems [C]. Proceedings

of the 32th IEEE Real-Time Systems Symposium（RTSS 2011），2011：227-238.

[78]一种基于频繁值和位变换感知的数据总线节能方法[J]，张铭泉，古志民，张吉赞，电子学报，2017（8）：1810-1817.